스파이시

스파이시

마로니에북스

스파이시

초판 1쇄 발행일 2011년 9월 1일

지은이 | 레이첼 레인
        팅 모리스
옮긴이 | 박성연

펴낸이 | 이상만
펴낸곳 | 마로니에북스
등 록 | 2003년 4월 14일 제2003-71호
주 소 | (413-756) 경기도 파주시 교하읍 문발리 파주출판도시 521-2
전 화 | 02-741-9191
편집부 | 031-955-4919
팩 스 | 031-955-4921
홈페이지 | www.maroniebooks.com

ISBN 978-89-6053-206-9

This book was conceived, edited and designed by McRae Books
Via Umbria 36
50145 Florence Italy
info@mcraebooks.com
www.mcraebooks.com
Publishers Anne McRae, Marco Nardi
Copyright © 2010 McRae Books Srl

ISBN 978-88-6098-227-8

목차

서문

스파이시한 음식을 좋아한다면, 향긋하고 톡 쏘는 맛의 음식들이 건강에도 좋다는 소식에 기뻐할 것이다. 이는 고추의 활성성분인 캡사이신 덕분에 가능하다. 캡사이신은 암을 예방하고 통증을 감소시킬 뿐만 아니라 감염에 맞서 싸울 수 있게 하고 심장을 보호하며 대사를 증가시켜 체중 감소에 효과적이다.

강황, 생강, 계피, 카다멈, 고수, 겨자씨, 육두구 같은 다른 향신료들도 건강에 유익한 효과가 있다. 감기에 걸렸을 때 스파이시한 음식을 먹으면 숨쉬기가 편안해지고 가래 배출을 도와 빨리 회복될 수 있다. 일부 연구에 따르면 스파이시한 음식은 두뇌에 좋은 영향을 미친다고 한다. 스파이시한 음식을 즐겨 먹는 사람들은 치매에 걸릴 위험이 낮고 우울증이나 편두통도 예방할 수 있다고 한다.

이 책에서는 전 세계의 140여 가지 스파이시 요리를 소개한다. 살사와 딥으로부터 수프, 샐러드, 해산물, 닭고기, 육류, 채식주의자를 위한 요리, 디저트, 음료에 이르기까지 다양한 레시피를 포함하고 있다. 맘껏 즐기시라!

---

* 일러두기

이 책에서는 국내 계량법(1컵=200ml)이 아닌 유럽 기준 계량법(1컵=250ml)을 사용한다.

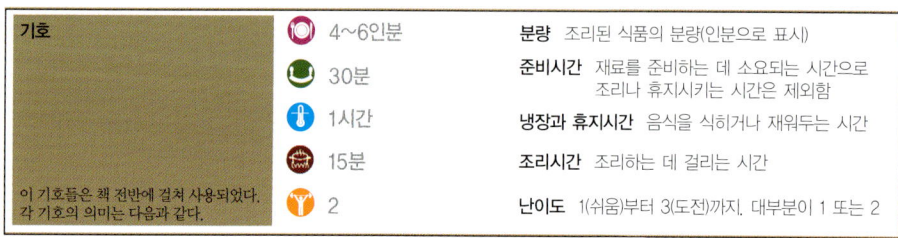

기호		
	4~6인분	**분량** 조리된 식품의 분량(인분으로 표시)
	30분	**준비시간** 재료를 준비하는 데 소요되는 시간으로 조리나 휴지시키는 시간은 제외함
	1시간	**냉장과 휴지시간** 음식을 식히거나 재워두는 시간
	15분	**조리시간** 조리하는 데 걸리는 시간
이 기호들은 책 전반에 걸쳐 사용되었다. 각 기호의 의미는 다음과 같다.	2	**난이도** 1(쉬움)부터 3(도전)까지. 대부분이 1 또는 2

오른쪽 : 234쪽 타이식 레드채소커리

나만의 스파이시 요리 choosing a spicy dish

이 책에는 때와 장소를 가리지 않고 먹을 수 있는 군침 도는 스파이시 요리가 140여 가지 이상 담겨 있다. 그런데 만약 당신이 요리에 능숙하지 않다면 어떡할까? 게다가 냉장고에 재료가 몇 가지 없다면? 손쉽게 만드는 요리는 당신의 첫 번째 고민을 해결해줄 것이다. 또한 14쪽의 간단한 재료로 만드는 요리로 두 번째 고민도 해결될 것이다. 고전적인 요리, 적은 비용으로 만들 수 있는 요리, 건강에 좋은 요리, 에디터의 선택도 참고하라.

손쉽게 만드는 요리

124쪽 타이식 쇠고기샐러드

108쪽 스파이시 쇠고기수프

20쪽 조프

52쪽 삼발치즈와 옥수수머핀

136쪽 하리사새우

292쪽 스파이시 라씨

180쪽 마살라치킨버거

적은 비용으로 만들 수 있는 요리

54쪽 칠리콘브래드

84쪽 매운 시금치수프

262쪽 병아리콩과 시금치

306쪽 스파이시 초콜릿 크렘 브륄레

198쪽 스파이시 쇠고기스튜

도전해볼 만한 요리

310쪽 츄로스와 입안이 얼얼한 초콜릿소스

72쪽 채소사모사

132쪽 칠리크랩

58쪽 치킨필로꾸러미와
스파이시 자두소스

282쪽 스파이시 채소와 렌틸 라자냐

114쪽 파인애플, 생강과 칠리 샐러드

228쪽 칠리껍질콩

258쪽 칠리포테이토

294쪽 카다맘향의 커피

276쪽 핫 앤 스파이시 스파게티

건강에 좋은 요리

38쪽 세비체

82쪽 칠리와 파파야 수프

122쪽 케이준치킨샐러드

150쪽 브로콜리를 곁들인
타이식 칠리생선

236쪽 스파이시 두부볶음

고전적인 요리

196쪽 칠리콘카르네

104쪽 똠얌수프

190쪽 치킨몰레

246쪽 채소커리

298쪽 블러디메리

에디터의 선택

74쪽 타이식 피시케이크

120쪽 닭고기, 자몽과 고수 샐러드

106쪽 해산물라크사

156쪽 청경채를 곁들인 연어스테이크

206쪽 스피이시 쇠고기사테이

278쪽 칠리페스토를 넣은 링귀니

314쪽 칠리초콜릿브라우니

살사, 찍어 먹거나 발라 먹을 거리

Salsas, Dips & Rubs

무하마라브 muhammarab

피망으로 만든 이 매운 딥은 북부 시리아의 고대 도시인 알레포의 음식이다. 빵이나 토스트에 바르거나 구운 생선이나 고기에 소스로 곁들여 먹는다. 냉장고에 일주일 정도 보관해둘 수 있다. 석류몰라세스는 석류즙과 설탕을 농축시킨 시럽으로 중동 지역의 식품을 파는 곳이나 인터넷에서 구할 수 있다.

6인분	3개	큰 빨간피망, 반을 갈라 씨를 뺀다. 또는 350g 분량의 빨간피망구이 병조림
20분		
15분	1/2작은술	레드페퍼후레이크
15분	2/3컵(60g)	호두
	2큰술	석류몰라세스
1	1/2작은술	큐민*가루

1쪽	작은 마늘
2큰술	엑스트라버진 올리브오일
약간	설탕
1~2큰술	신선한 레몬즙
약간	훈제파프리카가루**

1. 오븐은 250도로 예열하고 베이킹팬에 껍질이 위로 가도록 피망을 엎어놓는다. 껍질이 검게 타고 부풀어 오를 때까지 약 15분 정도 오븐에서 굽는다.

2. 구운 피망은 우묵한 그릇에 담고 랩을 씌워 15분간 식힌다. 탄 껍질은 모두 벗겨 내고 키친타월로 깨끗하게 겉을 닦는다. 구운 피망을 물로 씻으면 맛있는 향이 날아가므로 주의하자.

3. 피망, 칠리파우더, 호두, 석류몰라세스, 큐민, 마늘을 푸드프로세서에 넣고 곱게 간다.

4. 볼에 갈아놓은 재료와 올리브오일, 설탕, 소금을 넣고 잘 섞는다. 레몬즙을 넣고 섞은 후 싱거우면 소금으로 간을 맞춘다. 그릇에 담고 훈제파프리카가루를 뿌려 낸다.

---

* 큐민(cumin) : 씨앗이나 가루 형태로 이용되는 향신료로 독특한 향을 지니고 있어 중동, 지중해, 인도 요리에 많이 이용된다.
** 훈제파프리카가루(smoked paprika powder) : 훈제를 통해 말린 파프리카를 가루낸 것으로 오크향이 배어 있다.

이 요리가 좋다면 다음의 요리도 추천!

토마토 앤 **칠리 렐리시**

22

모로칸허머스

24

칠리, 민트 앤 망고 **살사**

26

조프 zhough

입안이 얼얼할 정도로 매운 이 초록색 페이스트는 중동지방에서 딥이나 샐러드드레싱으로 먹는다.
밀봉해서 냉장보관하면 열흘까지 두고 먹을 수 있다.

6~8인분	15g	할라피뇨 또는 매운 고추	1~2큰술	신선한 레몬즙
10분	1컵(50g)	굵게 다진 실란트로*	3큰술	엑스트라버진 올리브오일
	1컵(50g)	굵게 다진 파슬리		
	1쪽	큰 마늘		
	1/2작은술	녹색 카다맘**씨, 껍질을 벗겨 갈아서 준비한다.		
1	1작은술	소금		
	1/2작은술	후춧가루		

1. 레몬즙과 올리브오일을 제외한 모든 재료를 푸드프로세서에 넣고 곱게 간다.

2. 작은 그릇에 담고 레몬즙과 올리브오일을 넣고 섞는다.

> * 실란트로(cilantro) : '고수' 라고 불리는 허브의 잎과 줄기를 이르는 말로 씨앗을 코리앤더(coriander)로 구분해 부르거나 2가지 용어를 혼용하기도 한다. 동남아나 중남미에서 널리 이용된다.
> ** 카다맘(cardamom) : 회녹색 씨 주머니 안에 씨앗이 들어 있는 향신료로 달콤하면서도 톡 쏘는 특이한 향을 지니고 있어 인도와 동남아 지역에서 널리 이용된다. 샤프란, 바닐라빈에 이어 세 번째로 비싼 향신료이기도 하다.

이 요리가 좋다면 다음의 요리도 추천!

무하마라브

18

티카페이스트

28

하리사페이스트

30

토마토 앤 칠리 렐리시 tomato & chile relish

이 신선하고 매콤한 렐리시는 인도 음식에 곁들여 먹으면 맛있다. 특히 72쪽의 채소사모사와 잘 어울린다.
렐리시는 익히거나 피클로 만든 채소 또는 과일을 이르는 말로 하나의 재료만 이용하거나 2가지 이상을 섞어 쓰기도 한다.
흔히 미국식 핫도그에 곁들여 먹는 다진 피클을 렐리시라 부른다.

6~8인분	1개	큰 양파, 굵게 다진다.
10분	12개	방울토마토
2~3분	1개	덜 익은 녹색토마토, 굵게 다진다.
	2개	씨를 뺀 할라피뇨
	2~3큰술	물
1	1/2작은술	가람 마살라*
	1/2작은술	후춧가루
	1/2작은술	소금

1/2작은술	단맛 나는 파프리카가루
1/2작은술	설탕
2큰술	다진 민트
2큰술	해바라기씨유
1작은술	겨자씨
2개	작은 홍고추

1. 푸드프로세서에 양파, 방울토마토, 녹색토마토, 할라피뇨를 넣고 물을 조금씩 부어가며 되직하고 알갱이가 굵어 보일 정도로 간다.

2. 갈아둔 재료에 가람 마살라, 후춧가루, 소금, 파프리카가루, 설탕, 다진 민트를 넣고 10초간 섞는다.

3. 중간 크기의 프라이팬에 해바라기씨유를 두르고 약한 불에서 겨자씨와 작은 홍고추를 통으로 넣어 볶는다. 갈아놓은 나머지 재료들과 섞는다.

4. 우묵한 그릇에 옮겨 담아낸다.

---

* 가람 마살라(garam masala) : 인도 음식에 넣는 여러 가지 향신료를 한데 섞어 갈아 놓은 것

이 요리가 좋다면 다음의 요리도 추천!

무하마라브

18

모로칸허머스

24

칠리, 민트 앤 망고 살사

26

모로칸허머스 moroccan hummus

부드러운 매운 맛의 허머스는 피타빵, 토스트, 크래커, 썰어놓은 채소와 함께 찍어 먹으면 좋다. 피타(pita)는 중동 지역에서 즐겨 먹는 빵으로 납작하게 구워 반으로 자르면 안쪽에 주머니가 생긴다. 속재료를 넣어 샌드위치를 만들어 먹기도 한다.

6~8인분	1개	양파, 껍질을 벗겨 8등분한다.	1/4작은술	큐민가루
15분	4큰술(60ml)	물	1/4작은술	카이엔페퍼*
10분	약간	샤프란		소금과 통후추 간 것
	2컵(400g)	체에 거른 병아리콩 통조림		장식용 매운 파프리카
	1개	레몬, 즙을 짠다.		
	3큰술+여유분	엑스트라버진 올리브오일		
1	2쪽	마늘, 다진다.		
	2~3큰술	타히니(참깨페이스트)		

1. 작은 냄비에 양파, 물, 샤프란을 넣고 뚜껑을 덮어 약한 불에서 양파가 부드러워질 때까지 10분간 끓인다. 체에 걸러 두고 물은 따라 보관해둔다.

2. 푸드프로세서에 병아리콩과 양파를 넣고 양파 삶은 물을 조금 넣어 갈아준다. 부드럽게 갈리면 레몬즙, 올리브오일 1큰술, 마늘, 타히니, 큐민, 카이엔페퍼를 넣는다. 부드러워질 때까지 다시 갈아준다.

3. 가는 동안 기름을 더 넣는다. 옆면에 묻은 재료를 잘 긁어내 합친다.

4. 남은 기름과 적당량의 물을 넣어 부드러운 페이스트가 되도록 농도를 조절한다.

5. 볼에 허머스를 옮겨 담고 소금과 후추로 간한다. 파프리카와 올리브오일을 위에 뿌려 낸다.

---

* 카이엔페퍼(cayenne pepper) : 열대지방에서 자라는 몇 종류의 칠리를 섞어 만든 매콤한 가루로, 구하기 어려우면 고춧가루 고춧가루를 이용해도 된다.

이 요리가 좋다면 다음의 요리도 추첸!

토마토 앤 **칠리 렐리시**

22

칠리, 민트 앤 망고 **살사**

26

칠리, 민트 앤 망고 살사 chile, mint & mango salsa

망고의 단맛이 칠리, 민트와 어우러져서 감자나 당근과 같은 뿌리채소 구이뿐만 아니라 구운 생선이나
고기 요리와도 잘 어울린다.

8~10인분	3개	큰 망고, 껍질 벗겨 주사위모양으로 썬다.
15분	2개	작고 매운 고추, 씨를 빼고 곱게 다진다.
	1/2컵(25g)	곱게 다진 생 민트
	2큰술	잘게 다진 생 고수잎
1	2큰술	현미식초
	1큰술	식물성기름

1큰술	흑설탕
1/2큰술	피시소스
1개	라임, 껍질은 곱게 갈고 즙을 짠다.

1. 망고, 칠리, 민트와 고수잎을 둥근 볼에 담는다.

2. 식초, 식물성기름, 흑설탕, 피시소스, 라임껍질, 라임즙을 작은 그릇에 넣고 섞는다. 망고 위에 섞은 재료를 뿌려 잘 섞는다.

이 요리가 좋다면 다음의 요리도 추천!

토마토 앤 칠리 렐리시

22

모로칸허머스

24

티카페이스트 tikka paste

밀폐용기에 담고 표면에 기름을 한 겹 둘러 냉장고에 넣어두면 일주일까지 두고 먹을 수 있다. 커리 요리에 향을 돋우기 위해 넣거나 재워두는 양념으로 이용하면 좋다. 고기를 굽거나 로스팅 하기 전에 티카페이스트를 발라두었다가 요리할 수도 있다.

4인분		
5분		

2쪽	마늘, 껍질을 벗겨 으깬다.	1/4 작은술	천일염
2작은술	곱게 간 생강	1큰술	레몬즙
2개	씨를 뺀 풋고추	4큰술(60ml)	땅콩기름*
1개	씨를 뺀 홍고추		
1작은술	가람 마살라		
1/2작은술	고수씨 가루		
1/2 작은술	큐민가루		
3/4작은술	약간 매운 커리가루		

1 1

1. 2큰술의 땅콩기름과 나머지 재료를 푸드프로세
   서에 넣는다. 남은 2큰술의 땅콩기름을 넣어가며
   되직한 페이스트가 될 때까지 느린 속도로 간다.

> * 땅콩기름(peanut oil) : 구하기 어려우면 콩기름이나 포도씨유로 대체 가능하다.

이 요리가 좋다면 다음의 요리도 추첸!

조프

20

하리사페이스트

30

하리사페이스트 harissa paste

하리사는 튜니지아의 칠리페이스트로 수프, 스튜, 쿠스쿠스 등의 맛을 내는 데 이용된다. 애피타이저나 간식으로 구운
피타빵에 다진 양파와 함께 발라 먹기도 한다. 밀폐용기에 넣고 표면에 기름을 부어 냉장보관하면 3주까지 두고 먹을 수 있다.

4~6인분	6개	작은 홍고추 말린 것	1큰술	고수씨
20분	1/4컵(60ml)	미지근한 물	1작은술	소금
15분	1개	빨간피망, 반으로 갈라	2쪽	마늘
		씨를 뺀다.	1/2작은술	파프리카가루
		또는 120g 분량의	6장	민트잎
		빨간피망구이 병조림	6큰술(90ml)	엑스트라버진 올리브오일
1	2작은술	큐민씨	1작은술	레드와인식초
	1작은술	캐러웨이*씨		

1. 마른 고추는 작은 그릇에 담고 물을 부어 20분가량 불린다.

2. 생 피망을 이용하려면 250도로 오븐을 예열한다. 베이킹팬에 피망의 껍질이 위로 향하게 놓는다. 표면이 검게 타고 물집이 생길 때까지 약 15분가량 굽는다.

3. 구운 피망은 볼에 담고 위를 랩으로 덮어 15분 정도 둔다. 탄 껍질은 모두 벗기고 키친타월로 깨끗이 닦는다. 구운 피망을 물로 씻으면 맛있는 향이 날아가므로 주의한다.

4. 큐민, 캐러웨이, 고수씨는 기름을 두르지 않은 팬에 놓고 중간 불에서 1~2분가량 볶아 향을 살린다.

5. 피망, 불린 마른 고추와 물, 볶은 큐민, 캐러웨이, 고수씨, 소금, 마늘, 파프리카, 민트를 푸드프로세서에 넣고 거칠게 간다.

6. 푸드프로세서에 올리브오일을 부어가며 되직한 페이스트가 될 때까지 천천히 간다. 마지막으로 식초를 넣고 섞는다.

---

* 캐러웨이(caraway) : 씨앗을 이용하는 향신료로 갸름한 볍씨 모양의 큐민과 비슷하게 생겼다. 큐민보다는 향이 부드럽다. 동유럽 지역과 인도의 요리에 많이 이용된다.

이 요리가 좋다면 다음의 요리도 추천!

무하마라브

18

조프

20

베르베레 berberé

에티오피아에서 먹는 베르베레는 말린 향신료를 섞어 갈아 놓은 것으로 밀폐용기에 담아 냉장보관하면 2개월까지 두고 먹을 수 있다. 스튜나 로스팅을 하기 전에 고기에 밑간을 위해 발라주면 좋다. 액체를 조금 넣어주면 페이스트 형태로 만들어 쓸 수도 있다.

- 🍽 4~6인분
- 🕐 10분
- 🍲 1~2분

🍴 1

2작은술	껍질 벗긴 카다맘씨	4작은술	카이엔페퍼
15개	정향*	1작은술	강황가루
3작은술	페누그릭**씨	1작은술	소금
1개	말린 칩포틀레***, 바스러뜨린다.		
1/4작은술	생강가루		

1. 카다맘, 정향, 페누그릭, 칩포틀레, 생강을 기름을 두르지 않은 작은 팬에 넣고 중불에서 저어가며 1~2분 정도 볶아 향을 살린다.

2. 볶은 향신료를 절구에 넣고 카이엔페퍼, 강황, 소금을 조금씩 넣어가며 곱게 간다. 스파이스그라인더를 이용해 고운 가루가 될 때까지 갈아줘도 된다.

3. 베르베레페이스트를 만들려면 갈아놓은 재료를 둥근 볼에 담고 부드러운 페이스트가 될 정도 분량의 올리브오일, 와인이나 물을 넣어 섞는다. 취향에 따라 으깬 마늘, 곱게 다진 양파나 강판에 간 생강을 넣어도 된다. 이 페이스트는 스튜의 맛을 내는 데 이용한다.

---

* 정향(clove) : 열대지방의 식물의 피지 않은 꽃봉오리를 말린 것으로 육수나 소스를 만들 때 많이 이용된다. 통째로 넣었다가 건져내거나 단단한 받침은 떼어내고 밍 모양의 몽오리만 가루 내어 쓴다.

** 페누그릭(fenugreek) : 커리파우더를 만드는 데 들어가는 향신료로 독특한 향을 지니고 있다.

*** 칩포틀레(chipotle) : 말려서 훈제한 할라피뇨

이 요리가 좋다면 다음의 요리도 추천!

조프

20

티카페이스트

28

하리사페이스트

30

애피타이저와
간식
Starters
& Snacks

피망과 앤초비 꼬치 pepper & anchovy skewers

한입 크기의 타파스(tapas)로 식사 전에 차가운 화이트와인 한 잔을 곁들여 먹으면 잘 어울린다.
타파스는 스페인의 식당이나 바에서 칵테일이나 와인에 곁들여 먹는 가벼운 식사를 이르는 말이다.

4~6인분	3개	큰 빨간피망, 씨를 빼고 길이로 4등분한다.	2큰술	엑스트라버진 올리브오일
30분			1작은술	생 민트잎
15분	12개	앤초비, 건져서 물기를 뺀다.	1/2작은술	칠리파우더
20분	12장	작은 세이지*잎	1/2작은술	휀넬씨
	12개	씨를 빼고 칠리로 속을 채운 그린올리브	60g	만체고치즈 또는 숙성시킨 페코리노치즈, 곱게 간다.
2	4개	큰 그린칠리피클, 굵직하게 가로질러 자른다.		

1. 오븐을 250도로 예열한다. 베이킹팬에 피망의 껍질 부분이 위로 향하게 놓는다. 표면이 검게 타고 물집이 생길 때까지 약 15분가량 굽는다.

2. 구운 피망은 볼에 담고 위를 랩으로 덮어서 15분 정도 둔다. 탄 껍질은 모두 벗기고 키친타월로 깨끗이 닦는다. 구운 피망을 물로 씻으면 맛있는 향이 날아가므로 절대 물로 헹구지 않는다.

3. 앤초비는 비늘을 아래로 향하게 늘어놓는다. 세이지잎과 올리브를 앤초비 위에 놓고 한쪽 끝부터 말아준다. 껍질 벗긴 빨간피망을 앤초비 주위에 두른다.

4. 칠리피클 자른 것을 꼬치에 꽂고 빨간피망롤을 꽂는다. 나머지 재료로 12개의 꼬치를 만든다.

5. 베이킹팬에 꼬치를 놓는다. 올리브오일을 위에 뿌리고 타임, 칠리파우더, 휀넬씨를 뿌린다. 맨 위에 치즈를 얹는다.

6. 오븐에서 치즈가 녹을 때까지 5분 정도 구워 뜨겁거나 따뜻하게 낸다.

> * 세이지(sage) : 길쭉한 잎사귀 모양의 허브로 어두운 초록색의 씨며 득특한 쓴맛이 있어 고기의 누린내를 잡는 효과가 있다.

이 요리가 좋다면 다음의 요리도 추천!

세비체

38

그린칠리소스를 곁들인 주꾸미와 새우
44

스파이시 빈 나초

60

세비체 ceviche

세비체는 중남미지역에서 사랑받는 애피타이저다. 신선한 라임즙과 레몬즙을 살짝 뿌린 날생선으로 만들어
맛이 신선하고 건강에도 좋은 웰빙 애피타이저로 적당하다.

🍲 4인분	500g	껍질을 벗기고 뼈를 바른 도미살 또는 단단한 육질의 흰살생선
🍵 20분	6개	라임, 즙을 짠다.
🌡️ 4시간	2개	레몬, 즙을 짠다.
	2큰술	엑스트라버진 올리브오일 소금과 신선한 후춧가루
🍴 2	2개	중간 크기의 토마토, 깍둑썰기한다.

1개	빨간양파 작은 것, 반을 갈라 얇게 채썬다.
1개	아보카도, 씨를 빼고 깍둑썰기한다.
2큰술	곱게 다진 고수잎
2개	작은 홍고추, 씨를 빼고 곱게 다진다.
8~12장	로메인상추잎

1. 생선은 얇게 저며 둥근 유리볼이나 스테인리스볼에 담는다. 라임즙과 레몬즙을 뿌리고 고루 섞어준다. 볼은 랩으로 덮어 냉장고에 4시간 정도 넣어두고 가끔씩 뒤섞는다. 생선살이 불투명해지면 준비가 된 것이다.

2. 생선을 재운 즙을 3큰술(45ml)만 남기고 버린다. 작은 그릇에 생선을 재운 즙과 올리브오일을 넣고 섞는다. 소금과 후추로 간을 한다.

3. 생선, 토마토, 양파, 아보카도, 고수잎, 홍고추, 드레싱을 한 그릇에 담고 잘 섞는다.

4. 완성된 세비체는 로메인상추잎에 한 숟가락씩 얹는다. 1인분에 2~3장의 상추를 준비한다.

이 요리가 좋다면 다음의 요리도 추천!

피망과 앤초비 **꼬치**

36

타이식 **피시케이크**

74

칠리크랩

132

매콤한 홍합구이 grilled mussels with a spiced crust

홍합을 살 때는 껍데기가 깨끗한 것을 구입해야 일일이 문질러 닦는 번거로움을 피할 수 있다.
깨끗하게 손질된 홍합을 구입했다면 물에 불려 닦는 과정은 생략해도 된다.

4~6인분		
30분		
1시간		
20분		
2		

1Kg	껍데기가 있는 큰 홍합
1/4컵(60ml)	물
2큰술+여분	엑스트라버진 올리브오일
1개	작은 양파, 곱게 다진다.
1쪽	마늘, 곱게 다진다.
1½컵(120g)	고운 빵가루
6큰술	곱게 다진 펜체타*
3큰술	곱게 다진 파슬리
1개	작은 홍고추, 씨를 빼고 곱게 다진다.
1/2작은술	파프리카가루
	소금과 통후추 간 것

1. 홍합 껍데기가 지저분하면 큰 그릇에 담고 찬물을 넉넉히 부은 다음 1시간 정도 불린다. 가끔씩 물을 갈아준다.

2. 오븐은 200도로 예열해둔다.

3. 홍합을 건져 칼로 수염을 제거한다. 큼직한 팬에 홍합과 분량의 물을 넣고 뚜껑을 덮어 중불에서 익힌다. 홍합 껍데기가 벌어질 때까지 3~4분 정도 걸린다. 껍데기가 벌어지지 않은 홍합은 버린다.

4. 윗면의 홍합 껍데기는 제거하고 베이킹팬에 남은 홍합을 한 겹으로 늘어놓는다.

5. 팬에 올리브오일을 두르고 중불에서 달군다. 다진 양파와 마늘을 넣고 부드러워질 때까지 3~4분가량 볶는다. 볶은 양파와 마늘은 우묵한 접시에 담아 빵가루, 펜체타, 파슬리, 다진 홍고추, 파프리카가루와 섞은 뒤 소금과 후추로 간한다.

6. 홍합 위에 빵가루 섞은 재료를 조금씩 얹는다. 올리브오일을 위에 조금씩 뿌리고 오븐에서 10분간 또는 바삭한 황금빛 갈색이 돌 때까지 굽는다. 뜨겁거나 미지근하게 낸다.

---

* 펜체타(pancetta) : 이탈리아식 베이컨으로 소금과 육두구, 휀넬, 마늘, 후추 등을 뿌려 3개월간 말려 두었다가 얇게 썰어 먹어나 팬에 볶아 나온 기름을 요리에 이용한다. 베이컨으로 대체 가능하다.

이 요리가 좋다면 다음의 요리도 추천!

커리향의 가리비

42

스페인식 홍합요리

130

스파이시 해산물빠에야

138

커리향의 가리비 curried scallops

가리비는 껍데기를 열기가 쉽지 않으므로 가급적이면 살 때 껍데기를 벌려달라고 하는 것이 좋다. 직접 껍데기를 벌려야 한다면 평평한 바닥에 놓고 껍데기 사이에 단단하고 납작한 칼날을 밀어 넣어 연다. 가리비 아래쪽에 칼을 눕혀 밀어 넣고 천천히 돌려가며 가리비와 껍데기를 연결하는 인대를 톱질하듯 잘라준다.

4~6인분
15분
10~15분

1

칠리피클

2큰술	엑스트라버진 올리브오일
1개	빨간양파, 곱게 다진다.
2쪽	마늘, 곱게 다진다.
2개	중간 크기의 풋고추, 씨를 빼고 곱게 다진다.
1개	작은 홍고추, 씨를 빼고 곱게 다진다.
1작은술 듬뿍	곱게 다진 생강
2큰술	타이 피시소스
4개	라임, 껍질은 곱게 갈고 즙을 짠다.
5장	커리잎 또는 1큰술 말린 커리잎 가루
3큰술	곱게 다진 고수잎 소금과 통후추 간 것

가리비

12개	중간 크기의 신선한 가리비, 윗 껍데기 제거한다.
1~2큰술	엑스트라버진 올리브오일
1/2작은술	소금
1/4작은술	통후추 간 것
1큰술	커리가루
1/4작은술	카이엔페퍼 라임 조각

1. 작은 팬을 약한 불에 올리고 올리브오일을 둘러 달구다 양파, 마늘, 고추, 생강을 넣고 부드러워질 때까지 8~10분 동안 볶는다. 이때 갈색이 나지 않도록 주의한다.

2. 위의 재료에 피시소스, 라임껍질, 라임즙, 커리잎을 넣고 섞는다. 섞은 재료는 내용물이 아주 부드러워질 때까지 15분간 약한 불에서 끓인다. 고수잎을 넣고 2분 정도 더 끓여준다. 소금과 후춧가루를 넣어 간을 맞추고 차갑게 식힌다.

3. 각각의 가리비 껍데기마다 칠리피클 1¹/2큰술씩을 얹는다. 가리비를 조리할 동안 담아낼 접시에 얹어 치워둔다.

4. 관자는 올리브오일을 붓으로 바르고 양면 모두에 소금과 후추를 뿌려 간한다. 커리가루와 카이엔페퍼를 뿌려준다.

5. 그릴팬이나 그리들을 중불에 얹어 데운다. 관자를 팬에 얹고 1분간 익힌 다음 격자무늬가 나도록 돌려준 후 1분 더 익힌다. 관자를 뒤집어 반대면도 1분 30초간 익혀준다.

6. 준비된 가리비 껍데기에 격자무늬 난 면을 위로 향하게 가리비를 얹는다. 잘라둔 라임으로 장식해 뜨겁거나 미지근하게 낸다.

그린칠리소스를 곁들인 주꾸미와 새우

baby octopus & shrimp with green chile sauce

생 새우를 익히기 위해 8컵(2L)의 물에 2큰술의 소금을 넣고 끓인다. 새우를 넣고 분홍빛이 나거나 불투명해질 때까지 약한 불에서 끓인다. 새우를 너무 오래 익혀 질겨지지 않도록 한다. 익힌 새우는 껍질을 벗기고 등 쪽의 내장을 제거한다.

6인분

15~20분

6~10분

2

그린칠리소스

4개	긴 풋고추, 씨를 빼고 다진다.
1/2작은술	팬에 볶은 고수씨
1/2작은술	팬에 볶은 큐민씨
2쪽	마늘, 곱게 다진다.
약간	소금
1컵(50g)	굵게 다진 고수잎
1큰술	신선한 라임즙
4큰술(60ml)	엑스트라버진 올리브오일
	소금과 통후추 간 것

주꾸미와 새우

4큰술(60ml)	엑스트라버진 올리브오일
12마리	주꾸미, 머리는 떼어내고 굵은 소금으로 닦는다.
	통후추 간 것
12마리	새우, 익혀서 껍질을 벗기고 내장을 제거한다.

1. 풋고추, 고수씨, 큐민, 마늘, 소금, 고수잎을 푸드 프로세서에 넣고 곱게 간다.

2. 갈아놓은 재료를 작은 그릇에 옮겨 담고 라임즙과 올리브오일을 넣어 섞는다. 소금과 후추로 간한다.

3. 프라이팬에 올리브오일을 두르고 센 불에서 달 군다. 기름에 달구어져 연기가 나기 시작하면 주꾸 미를 넣는다. 소금과 후추로 간하고 부드러워질 때 까지 4~5분간 볶는다.

4. 불을 줄이고 팬에 준비한 그린칠리소스를 넣는다. 고루 섞이도록 뒤적여준다.

5. 새우를 넣고 속까지 익도록 2~3분 정도 볶는다. 간을 확인해보고 뜨거울 때 낸다.

이 요리가 좋다면 다음의 요리도 추천!

세비체

38

매콤한 홍합구이

40

커리향의 가리비

42

칠리버터를 바른 옥수수바비큐

barbecued corn with chile butter

이 옥수수는 바비큐 후 바로 먹어야 스모키한 풍미를 제대로 즐길 수 있다. 실내에서는 그릴이나 기름을 조금 두른 그릴팬에서 옥수수를 얹어 구우면 된다.

6인분	**옥수수**		
10분	6개	옥수수, 수염을 떼어낸다.	
20분			
10~20분	**칠리버터**		
	1/3컵(90g)	무염버터, 부드러워지도록 상온에 둔다.	
1	1/2작은술	소금	
	1작은술	큐민씨, 팬에 살짝 볶아 바스러뜨린다.	

2작은술	매운 훈제파프리카
1작은술	칠리파우더
1큰술	타임잎
1개	홍고추, 씨를 빼고 곱게 다진다.
1작은술	신선한 라임즙이나 레몬즙

1. 옥수수는 껍데기가 떨어지지 않게 조심스럽게 젖혀 수염을 모두 제거한다. 껍질을 다시 덮고 매끈하게 모양을 바로 잡는다.

2. 옥수수를 큰 볼에 담고 찬물을 잠길 정도로 붓는다. 20분간 물에 담가둔다.

3. 버터에 소금, 큐민, 파프리카, 칠리파우더, 타임, 칠리, 라임즙이나 레몬즙을 섞어 칠리버터를 만든다.

4. 옥수수는 물에서 건져 달구어진 그릴에 얹는다. 옥수수가 부드러워지고 군데군데 검게 탈 때까지 집게로 뒤집어가며 10~20분간 굽는다. 껍데기에 불이 붙지 않도록 간간이 껍질에 물을 뿌려준다.

5. 탄 껍데기는 벗겨내고 옥수수에 칠리버터를 넉넉히 발라준다. 뜨거울 때 바로 낸다.

이 요리가 좋다면 다음의 요리도 추천!

채소사모사

72

속을 채운 할라피뇨

270

후추를 듬뿍 넣은 감자튀김과 구아카몰레

272

스파이시 새우피자 spicy shrimp pizza

이 피자는 굵은 고춧가루나 레드페퍼후레이크를 뿌려 먹으면 더 맛있다.

🍽 4~8인분		
🕐 45분		
🌡 2시간~2시간 30분		
🔥 25~35분		
🍴 2		

피자도우

1큰술(15g)	건조 이스트
1컵(250ml)	미지근한 물
2²/³컵(400g)	중력분
약간	소금
1큰술	엑스트라버진 올리브오일

토마토소스

2큰술	엑스트라버진 올리브오일
1개	작은 양파, 곱게 다진다.
2쪽	마늘, 곱게 다진다.
2컵(400g)	홀 토마토 통조림, 즙과 함께 다진다.

1/2큰술	말린 오레가노
1/2작은술	설탕
1/2작은술	매운 파프리카가루
1/4작은술	카이엔페퍼
	소금과 통후추 간 것

토핑

16마리	중간 크기의 새우, 껍질을 벗기고 내장을 제거한다.
1/2컵(80g)	채썬 구운 피망
250g	굵게 간 모짜렐라치즈 또는 에멘탈치즈
	레드페퍼후레이크

1. 작은 볼에 이스트와 물을 넣고 거품이 생길 때까지 10분 정도 둔다. 큰 볼에 밀가루와 소금을 넣고 섞은 후 가운데를 우묵하게 파놓는다. 파놓은 곳에 이스트 혼합물과 올리브오일을 붓고 포크로 조금씩 섞는다.

2. 깨끗이 닦은 작업대에 반죽을 꺼내 올리고 부드럽게 탄력이 생길 때까지 10~15분간 손바닥과 손목에 힘을 주어 치대가며 반죽한다. 완성된 반죽은 공처럼 둥글게 만들어 기름을 바른 볼에 넣고 면보를 덮어 따뜻한 곳에서 부피가 2배가 될 때까지 90~120분가량 발효시킨다.

3. 반죽을 깨끗한 작업대에 다시 꺼내 올리고 손바닥으로 가볍게 두들겨 공기를 모두 빼준다. 반죽을 2등분해서 기름을 바른 베이킹팬에 넣고 면보로 덮어 따뜻한 곳에서 부피가 2배가 될 때까지 30분 정도 발효시킨다.

4. 오븐을 250도로 예열한다.

5. 중간 크기의 우묵한 팬에 기름을 두르고 중불에서 달군다. 다진 양파와 마늘을 넣고 부드러워질 때까지 3~4분간 볶는다. 토마토, 오레가노, 설탕, 파프리카, 카이엔페퍼를 넣고 끓인다. 끓어오르면 불을 줄여 약한 불에서 되직해질 때까지 10~15분간 끓인다. 소금과 후추로 간한다.

6. 지름 25cm 크기의 피자팬 2개를 오븐에 넣고 5분간 예열한다. 반죽에 올리브오일을 살짝 바른 뒤 팬 크기에 맞게 잡아당겨가며 늘려준다. 반죽을 손으로 눌러 납작하게 만들어 준다.

7. 피자 반죽에 토마토소스를 펴 바른다. 새우와 피망을 위에 얹는다. 치즈를 고루 얹고 레드페퍼후레이크를 뿌려준다. 오븐에서 치즈가 지글거리며 황금빛 갈색이 될 때까지 10~15분간 굽는다.

초리조롤 chorizo rolls

이 빵은 오븐에서 막 구워내 바로 먹어야 맛있다. 주말 오후 운동경기 시청에 빠져 있는 배고픈 이들의 간식으로 안성맞춤이다.

- 4~8인분
- 40분
- 1시간
- 25분
- 2

초리조		롤	
1큰술	엑스트라버진 올리브오일	1작은술	건조 이스트
250g	익히지 않은 초리조 또는	1/2작은술	설탕
	이탈리안 소시지,	약 1컵(250ml)	미지근한 물
	1cm 크기로 자른다.	2¹/₃컵(350g)	중력분
1작은술	레드페퍼후레이크 또는	3/4작은술	천일염
	바스러뜨린 마른고추		
1/2 작은술	매운 훈제파프리카가루		

1. 큼직한 팬에 기름을 두르고 중불에서 달군다. 초리조는 바삭해질 때까지 3~5분 정도 볶는다. 레드페퍼후레이크와 파프리카를 뿌리고 30초 더 볶아준다. 기름을 다른 그릇에 따라내 보관한다. 초리조는 식힌다.

2. 작은 볼에 이스트와 설탕을 넣고 1/3컵의 물을 붓는다. 거품이 생길 때까지 10분 정도 둔다.

3. 큰 볼에 밀가루와 소금을 넣고 섞는다. 이스트 혼합물과 나머지 물을 넣어가며 단단한 반죽을 만든다. 밀가루를 살짝 뿌린 작업대에 반죽을 쏟아놓고 5분간 치대준다. 식혀둔 기름을 조금씩 넣어가며 5분간 더 치댄다.

4. 반죽을 8등분해서 각각 작은 공 모양으로 둥글려준다. 손바닥에 반죽 하나를 잡고 초리조 몇 조각을 중앙 쪽으로 밀어 넣는다. 구멍을 오므려 막고 밀가루를 뿌린 작업대에서 다시 둥글린다.

5. 큰 베이킹팬 바닥에 기름을 바르고 반죽을 띄엄띄엄 놓는다. 반죽의 윗면에 기름을 조금씩 바른다. 반죽은 기름을 바른 랩으로 덮어 따뜻한 곳에서 부피가 2배가 될 때까지 1시간 정도 둔다.

6. 오븐을 220도로 예열한다. 롤은 표면이 황금빛 갈색이 될 때까지 20분간 굽는다. 뜨거울 때 바로 낸다.

이 요리가 좋다면 다음의 요리도 추천!

스파이시 새우피자

48

삼발치즈와 옥수수머핀

52

칠리콘브래드

54

삼발치즈와 옥수수머핀 sambal cheese & corn muffins

삼발오렉은 인도네시아의 매운 칠리페이스트다. 삼발(sambal)은 인도네시아, 말레이시아, 인도 남부에서 인기 있는 양념으로 칠리에 여러 가지 향신료를 섞어 만든 것이다. 삼발오렉(sambal oelek)은 삼발의 가장 기본적인 유형으로 칠리에 마늘, 샬롯, 흑설탕과 소금을 넣어 갈아 만든다. 수입식품코너 또는 인터넷에서 구입할 수 있다. 삼발오렉 대신에 하리사페이스트(30쪽)를 넣어 만들어도 된다.

6~8인분	1¹⁄₂컵(225g) 중력분	2/3컵(150ml) 우유
15분	1¹⁄₂작은술 베이킹파우더	1/4컵(60g) 버터, 녹여서 살짝 식힌다.
15~20분	1작은술 큐민가루	1개 왕란, 풀어둔다.
	1/2작은술 고수씨 가루	1큰술 삼발오렉 또는 다른 칠리페이스트
	1/2작은술 매운 파프리카	
	1/4작은술 곱게 간 후추	
1	2컵(400g) 옥수수 통조림, 물기를 제거한다.	
	1/2컵(60g) 강판에 간 체다치즈	
	2큰술 곱게 다진 고수잎	

1. 오븐을 200도로 예열한다. 12개구 미니 머핀팬의 안쪽에 기름을 살짝 바른다.

2. 중간 크기의 볼에 밀가루, 베이킹파우더, 큐민, 고수씨, 파프리카, 소금, 후추를 섞어 체에 친다. 옥수수, 치즈, 고수를 넣고 섞어준다. 우유, 버터, 계란, 삼발오렉을 넣어 대강 섞는다.

3. 머핀팬의 3/4 정도를 채우도록 반죽을 떠 넣는다.

4. 오븐의 중간 선반에 머핀팬을 넣고 반죽이 봉긋하게 솟아오르면서 윗면이 황금빛 갈색이 될 때까지 8~10분간 굽는다. 구워진 머핀은 틀에서 5분간 식힌 후 망 위에 꺼내어 완전히 식힌다. 남은 반죽도 같은 방법으로 굽는다.

5. 따뜻하게 또는 미지근하게 낸다.

이 요리가 좋다면 다음의 요리도 추천!

초리조롤

50

칠리콘브래드

54

치킨필로꾸러미와 스파이시 자두소스

58

칠리콘브래드 chile corn bread

칠리콘브래드만 먹어도 훌륭한 간식이 되지만 수프나 샐러드와 같이 먹어도 잘 어울린다.

6~8인분	1작은술	옥수수유	1/2작은술	고수씨 가루
15분	150g	곱게 간 옥수수가루	2개	홍고추, 씨를 빼고 곱게 다진다.
30~40분	1컵(150g)	중력분	3/4컵(200ml)	우유
	5작은술	베이킹파우더	1¹/₃컵(300ml)	크렘 프레시*
	1/2작은술	소금	2개	왕란
	1/4컵(50g)	설탕		
1	2작은술	매운 파프리카		
	1작은술	휀넬가루		

1. 오븐을 200도로 예열한다. 가로세로 20cm 크기의 정사각형 케이크팬에 기름을 발라둔다.

2. 큰 볼에 옥수수가루, 밀가루, 베이킹파우더, 소금, 설탕, 파프리카, 휀넬가루, 고수씨, 칠리를 넣고 섞는다.

3. 다른 볼에 우유, 크렘 프레시, 계란을 넣고 거품기로 저어 섞는다.

4. 우유 혼합물을 가루 혼합물에 붓고 고루 섞이도록 젓는다.

5. 반죽을 준비된 팬에 붓는다. 빵이 황금빛 갈색이 나고 눌러보아 단단해질 때까지 30~40분간 굽는다. 약간 식혔다가 망 위에 꺼낸다. 따뜻하게 또는 미지근하게 낸다.

* 크렘 프레시(creme fraîche) : 멸균시키지 않은 우유에 남은 균에 의해 새콤하게 발효된 크림으로, 사워크림이나 플레인요거트로 대체해도 된다.

이 요리가 좋다면 다음의 요리도 추천!

삼발치즈와 **옥수수머핀**
52

세라니토스
56

칠리빈퀘사디야
62

세라니토스 serranitos

오픈샌드위치인 세라니토스는 치아바타, 바게트, 사워도우브래드 같은 단단한 빵을 이용해 만든다.
뜨겁게 준비해 가벼운 점심이나 간식으로 먹으면 적당하다.

🍽	8인분
🥣	20분
🌡	30~60분
⏱	10분
🍷	1

양념

1작은술	단맛 나는 훈제파프리카
1쪽	마늘, 으깨서 소금을 넣고 섞는다.
1/2작은술	후춧가루
1/8작은술	큐민가루
1/2작은술	칠리파우더
1/2작은술	말린 바질

돼지고기

500g	돼지 안심, 원통형으로 8장으로 자른다.
1/2컵(125ml)	엑스트라버진 올리브오일
2개	긴 풋고추, 씨를 빼고 길게 4등분한다.
	소금과 통후추 간 것
2쪽	마늘
8장	두툼한 치아바타
8장	얇은 세라노햄* 또는 파르마햄**

1. 파프리카, 마늘, 후추, 큐민, 칠리파우더, 바질을 작은 볼에 넣고 섞는다.

2. 돼지고기는 묵직한 칼이나 밀대를 이용해 납작하게 펴주고 준비한 양념을 잘라 고루 스며들게 한다.

3. 큰 팬을 중불에 올리고 1/4컵(60ml)의 기름을 넣어 달군다. 풋고추를 기름에 넣고 부드러워질 때까지 4~5분가량 튀긴다. 한입 크기로 자른 다음 소금과 후추로 간한다.

4. 팬을 깨끗이 닦고 남은 기름 1/4컵(60ml)을 넣고 중불에서 달군다. 기름에 연기가 나기 시작할 때 돼지고기를 넣는다. 안쪽까지 잘 익도록 3~5분간 튀긴다. 소금과 후춧가루로 간한다.

5. 빵은 토스트한 후 마늘을 문질러준다. 돼지고기를 튀긴 기름을 빵의 양면에 조금씩 뿌린다. 빵 위에 돼지고기, 칠리의 순서로 얹고 맨 위에 햄을 1장 넣는다. 후추를 뿌려서 낸다.

---

* 세라노햄(serrano ham) : 돼지고기를 소금에 절여 말린 스페인 햄
** 파르마햄(parma ham) : 이탈리아 북부 파르마 지방에서 만드는 고급 햄인 프로슈토

이 요리가 좋다면 다음의 요리도 추천!

마살라치킨버거

180

스파이시 쇠고기버거

182

치킨필로꾸러미와 스파이시 자두소스

chicken filo parcels with spicy plum sauce

간단한 음료 파티나 뷔페 메뉴로 필로꾸러미를 준비해보자. 필로(phyllo)는 그리스에서 유래한 식재료로 패스트리 반죽을 당겨 종이처럼 얇게 만든 것이다. 사이사이에 버터를 바르고 속재료를 넣어 말아 막대 모양이나 삼각 주머니 형태로 만들어 구워 먹는다. 필로와 소스는 시간이 될 때 미리 만들어 냉장고에 보관해두었다가 내기 직전에 구우면 된다.

🍽 4~6인분
⏱ 45분
🍲 50~60분

🍴 3

자두소스	
1컵(250ml)	물
1¼컵(250g)	설탕
8개	피자두, 반을 갈라 씨를 뺀다.
1개	홍고추
3개	팔각
1개	계피 조각, 바스러뜨린다.
1작은술	바스러뜨린 사천후추
3개	정향
1/4컵(60ml)	새로 짠 레몬즙
	소금

필로꾸러미	
1큰술	참기름

3개	샬롯, 곱게 다진다.
2쪽	마늘, 곱게 다진다.
1작은술	강판에 곱게 간 생강
1개	작은 홍고추, 씨를 빼고 곱게 다진다.
125g	표고버섯, 잘게 깍둑썰기한다.
1작은술	중국 오향 또는 호박파이스파이스
500g	갈아놓은 닭고기
2큰술	크림
1개	왕란의 흰자, 잘 풀어둔다.
	소금과 통후추 간 것
12장	필로 페스츄리
1/2컵(125g)	버터, 녹여둔다.

1. 중간 크기의 냄비에 물과 설탕을 넣고 끓인다. 끓어오르면 불을 줄이고 설탕이 녹을 때까지 5분 정노 약한 불에서 끓인다. 자두, 홍고추, 팔각, 계피 조각, 사천후추, 정향을 넣고 자두가 무를 때까지 25~40분간 졸인다.

2. 불에서 내려 레몬즙을 넣고 고운 체로 거른다. 건더기는 버리고 소스는 다른 그릇에 담아 보관한다.

3. 큰 팬에 참기름을 두르고 중불에서 달군다. 샬롯, 마늘, 생강, 홍고추를 넣고 물러질 때까지 3~4분간 볶는다. 버섯과 오향을 넣고 무르도록 5분간 더 볶는다. 볶은 재료는 볼에 옮겨 담고 닭고기, 크림, 흰자를 넣어 섞는다. 소금과 후추로 간한다.

4. 오븐을 200도로 예열한다. 2장의 베이킹팬에 유산지를 깐다.

5. 3장의 필로를 꺼내 각 장마다 녹인 버터를 붓으로 발라 겹쳐서 놓아둔다. 길게 3등분한나. 실쭉긴 필로의 아래쪽 끝에 준비한 닭고기 속을 조금 얹고 대각선으로 접어 덮은 후 위로 접어 올리고 다시 대각선으로 접기를 반복해 작은 삼각형 모양의 꾸러미를 만든다. 남은 속재료를 이용해 꾸러미들을 만들어준다.

6. 필로꾸러미를 준비한 베이킹팬에 놓는다. 황금빛 갈색이 될 때까지 15분간 굽는다. 뜨거울 때 자두소스와 곁들여 낸다.

스파이시 빈 나초 spicy bean nachos

이 나초는 어린이들이나 TV 삼매경에 빠져 자리를 뜨지 못하는 스포츠 팬들에게 개인 접시에 담아
구워내면 든든한 간식거리가 된다.

🍽 4인분	1큰술	식물성기름	1개	할라피뇨, 씨를 빼고 곱게 썬다.
🕐 45분	1개	중간 크기의 양파, 굵게 다진다.	1봉(200g)	나초칩
🍳 50~60분	1/2작은술	큐민가루	250g	새로 간 맛있는 치즈
	1/2작은술	고수씨 가루	1컵(250g)	사워크림
	1/2작은술	칠리파우더	1개	아보카도, 반을 갈라 씨를 뺀다.
	1개	빨간피망, 정사각형으로 썬다.	2큰술	새로 짠 레몬즙
🍴 3	2컵(400g)	강낭콩 통조림, 물기를 뺀다.		소금과 통후추 간 것
	2컵(400g)	다진 토마토 통조림, 즙도 같이 이용한다.		

1. 중간 크기의 냄비에 기름을 붓고 중불에서 달군다. 양파를 넣고 3분간 볶다가 큐민가루, 고수씨, 칠리파우더를 넣고 향이 살아날 때까지 2분간 볶는다.

2. 피망, 강낭콩, 토마토, 할라피뇨를 넣고 볶는다. 불을 줄여 피망이 부드러워질 때까지 15~20분간 익힌다.

3. 오븐을 180도로 예열한다.

4. 나초칩 절반을 4개의 개인 접시에 나누어 담는다. 칠리빈 혼합물을 위의 얹고 치즈를 뿌린다. 남은 나초칩, 칠리빈, 치즈를 위의 순서대로 얹는다. 치즈가 녹아내릴 정도로 10분간 굽는다.

5. 구아카몰레를 만들기 위해 아보카도의 속을 파내 우묵한 볼에 담는다. 레몬즙을 뿌리고 포크로 으깬다. 소금과 후추로 간한다.

6. 오븐에서 꺼낸 나초는 사워크림과 구아카몰레를 듬뿍 얹어 따뜻할 때 낸다.

이 요리가 좋다면 다음의 요리도 추천!

초리조롤

50

치킨필로꾸러미와 **스파이시 자두소스**

58

칠리빈퀘사디야

62

칠리빈퀘사디야 chile bean quesadillas

퀘사디야는 또띠야에 여러 가지 치즈를 채워 넣고 접어 만든 멕시코의 음식이다. 이 레시피뿐 아니라 닭고기와
옥수수 퀘사디야(64쪽)도 영양가 높은 간식거리다.

🍽 6인분	
🕐 30분	
🍳 25분	
🏆 1	

2큰술+튀김용	엑스트라버진 올리브오일
1개	중간 크기의 양파, 다진다.
2쪽	마늘, 곱게 다진다.
1/2큰술	큐민가루
1/2큰술	매운 파프리카
1작은술	고수씨 가루
1/4작은술	칠리파우더
2컵(400g)	토마토 통조림, 다져서 즙도 이용한다.
1/3컵(90ml)	물
2개	할라피뇨, 저민다.
2컵(400g)	강낭콩 통조림, 물기를 뺀다.
	소금과 통후추 간 것
8장	밀가루 또띠야
4큰술	곱게 다진 고수잎
3/4컵(100g)	신선한 체다치즈 간 것
	사워크림

1. 중간 크기의 팬에 2큰술의 올리브오일을 두르고 중불에서 달군다. 양파와 마늘을 넣고 무를 때까지 3~4분간 볶는다. 큐민, 파프리카, 고수씨, 칠리파우더를 넣고 향이 살아나도록 30초간 볶는다.

2. 토마토, 물, 할라피뇨를 넣고 끓인다. 불을 줄여 약간 되직해지도록 5분간 끓인다.

3. 강낭콩을 넣고 무르도록 5~10분간 약한 불에서 끓인다. 소금과 후추로 간한다.

4. 작업대에 퀘사디야를 얹고 콩 혼합물의 1/4을 펴 바른다. 고수잎과 치즈를 뿌리고 다른 또띠야 1장으로 덮는다. 남은 재료로 퀘사디야 3개를 더 만든다.

5. 넓은 팬에 1큰술의 올리브오일을 두르고 중불에서 달군다. 퀘사디야 1개를 얹고 한 면당 1~2분씩 갈색이 날 때까지 구워준다. 필요하면 기름을 더 넣는다.

6. 뜨거울 때 잘라서 사워크림과 같이 낸다.

이 요리가 좋다면 다음의 요리도 추천!

닭고기와 옥수수 퀘사디야

64

민트와 완두콩 팔라펠 버거와 **칠리살사**

274

스파이시 가지와 구운 피망을 넣은 **스파이시 깔조네**

284

닭고기와 옥수수 퀘사디야 chicken & corn quesadillas

퀘사디야는 간단하게 만들어 먹을 수 있는 멕시코식 치즈가 든 간식이다. 채식주의자는 이 레시피에서 닭고기 대신
여러 가지 색의 피망을 이용해 만들어도 된다. 살사는 미리 만들어 둔다.

	살사		닭고기	
6인분	4개	잘 익은 큰 토마토, 껍질 벗겨 다진다.	1큰술	엑스트라버진 올리브오일
20분			2	껍질 벗긴 닭가슴살, 얇게 썬다.
15분	10개	풋고추, 씨를 빼고 다진다.	1/2작은술	마늘소금
	2개	샬롯 또는 1개 작은 양파, 껍질 벗겨 잘게 다진다.	1작은술	매운 파프리카가루
			250g	옥수수 통조림, 물기를 제거한다.
1	1/2컵(25g)	고수잎, 잘게 다진다.	2큰술	새로 짠 라임즙
		소금	6장	밀가루 또띠야
	1큰술	화이트와인식초	250g	그뤼에르* 또는 체다치즈 간 것
	1큰술	신선한 라임즙		

1. 우묵한 볼에 토마토, 풋고추, 샬롯, 고수잎을 넣고 섞는다. 소금을 넣어 간하고 식초와 라임즙을 뿌린 후 뒤섞어 그릇에 담아준다.

2. 큰 팬에 기름을 두르고 중불에서 달군다. 닭고기를 넣고 마늘소금과 파프리카가루를 뿌린다. 닭고기가 속까지 익고 갈색을 띨 때까지 5~6분간 볶는다.

3. 옥수수와 살사를 팬에 넣는다. 잘 섞어 5~6분간 데운다. 라임즙을 넣고 고루 섞는다.

4. 포장지에 적힌 지시에 따라 전자레인지나 팬을 이용해 또띠야를 데운다.

5. 접시에 또띠야 1장을 놓고 닭고기 볶은 것을 한 숟가락 얹는다. 치즈를 뿌리고 돌돌 말아 바로 낸다.

---

* 그뤼에르(gruyère) : 스위스의 그뤼에르 지방의 이름을 딴 연한 크림색의 단단한 치즈로, 우유로 만들며 짭짤하고 고소하다. 열에 잘 녹아 프렌치어니언 수프나 퐁듀에 많이 이용한다.

이 요리가 좋다면 다음의 요리도 추천!

칠리빈퀘사디야

62

마살라치킨버거

180

레드 핫 치킨윙 red hot chicken wings

이 매운 치킨윙은 간식이나 애피타이저로 내기에 적당하다. 미리 경고하는데, 먹고 나서 혀에 불이 날지도 모른다.

6인분		
15분		
2~3시간		
40~45분		
2		

양념

2작은술	간장
1작은술	우스터소스
1/2작은술	타바스코소스
1큰술	하리사페이스트(30쪽) 또는 1개 홍고추, 잘게 다진다.
1쪽	마늘, 곱게 다진다.
2큰술	곱게 다진 파슬리
1개	샬롯 또는 작은 양파, 강판에 간다.
1/2작은술	카이엔페퍼
12개	큰 닭날개
2큰술	토마토케첩

딥

1/3컵(100ml)	크렘 프레시
1/2컵(25g)	물냉이*, 곱게 다진다. 소금과 통후추 간 것

1. 큰 볼에 간장, 우스터소스, 타바스코, 하리사페이스트, 마늘, 파슬리, 양파, 카이엔페퍼를 넣고 잘 섞어 양념을 만든다. 닭날개를 넣고 섞은 뒤 윗면을 덮고 냉장고에서 2~3시간 재워둔다.

2. 오븐을 190도로 예열한다. 우묵한 오븐팬에 닭날개를 한 겹으로 늘어놓는다. 위에 양념을 붓고 고루 데워지도록 섞어준다. 부드럽게 익도록 가끔씩 뒤집어주며 30~40분간 굽는다.

3. 그릴팬을 아주 뜨겁게 달군다. 구워낸 닭날개를 그릴팬에 올려놓고 오븐에 구워낸 양념 2~3숟가락과 케첩을 섞어 닭날개에 바른다. 속까지 익도록 6~8분간 그릴에서 굽는다.

4. 작은 볼에 크렘 프레시와 물냉이를 넣어 섞고 소금과 후추로 간한다.

5. 닭날개가 뜨거울 때 딥과 함께 낸다.

> * 물냉이(watercress) : 크레송으로도 알려진 향신 채소로 고기나 생선 요리에 곁들여 먹거나 샐러드로 먹는데 겨자의 톡 쏘는 맛이 약하게 난다.

이 요리가 좋다면 다음의 요리도 추천!

텍사스식 멕시칸 양념을 한 닭
68

램코프타
70

멕시칸살사를 곁들인 바비큐치킨
186

텍사스식 멕시칸 양념을 한 닭

tex-mex marinated chicken

텍사스식 멕시칸이란 1940년대부터 유명해져서 지금까지 쓰이는 말로 텍사스에서 만들어 먹는 멕시코 음식을 가리킨다.
텍사스식 멕시칸 요리는 주로 칠리로 맛을 낸다.

🍽 10인분		
🥣 20분		
🌡 6~8시간		
🍳 40~45분		
🍴 2		

양념

8개	작은 홍고추, 씨를 빼고 다진다.
2큰술	칠리페이스트 또는 하리사페이스트(30쪽)
1컵(250ml)	엑스트라버진 올리브오일
15쪽	굵은 마늘, 껍질을 벗겨 굵게 다진다.
1작은술 듬뿍	소금
2~3개	라임, 즙을 짠다.
3큰술	곱게 다진 고수잎

닭고기

10개	뼈를 제거하고 껍질을 벗긴 닭가슴살 또는 닭다리 또띠야

1. 홍고추와 칠리페이스트를 푸드프로세서에 넣고 매끈해질 때까지 간다.

2. 중간 크기의 냄비에 기름을 넣고 약한 불로 달군다. 마늘과 갈아놓은 칠리페이스트를 넣고 마늘이 부드럽게 익을 정도로 아주 약한 불에서 35~40분간 끓인다. 식힌 후 소금, 라임즙, 고수잎을 넣고 섞는다.

3. 유리볼이나 스테인리스볼에 양념을 붓고 닭을 넣어 6~8시간 재운다.

4. 그릴팬이나 바비큐를 뜨겁게 달군다. 닭을 건져 내 팬에 놓는다. 한 면을 3분간 익히고 뒤집어 다른 면을 익힌다. 굽는 동안 양념을 발라가며 닭고기가 부드러울 정도로 10분 정도 굽는다.

5. 뜨거울 때 또띠야와 함께 낸다.

이 요리가 좋다면 다음의 요리도 추천!

레드 핫 치킨윙

66

멕시칸살사를 곁들인 바비큐치킨

186

피리피리치킨

188

램코프타 lamb koftas

코프타는 중동지방에서 즐겨먹는 스파이시한 미트볼이다. 나무막대나 쇠꼬챙이에 끼워 상에 올리면 보기에 좋다.
그린샐러드와 피타빵을 곁들여 낸다.

◎ 6인분	**코프타**		**요거트소스**	
⬤ 25분	1작은술	캐러웨이씨	1/3컵(100ml)	플레인요거트
♨ 30분	1작은술	큐민씨	1/3컵(100ml)	크렘 프레시
⬤ 10분	500g	갈아놓은 양고기	1/8작은술	소금
	1큰술	말린 민트	약간	카이엔페퍼
⬤ 2	1작은술	천일염	1쪽	작은 마늘, 씨를 빼고
	2개	샬롯, 강판에 간다.		곱게 다진다.
	2작은술	하리사페이스트(30쪽)	12장	민트, 다진다.
	1큰술	곱게 다진 파슬리		통후추 간 것

1. 작은 팬을 중불에 올려 캐러웨이, 큐민씨를 넣고 향이 살아나도록 1분간 기름 없이 볶는다.

2. 중간 크기의 볼에 양고기, 볶은 캐러웨이씨와 큐민씨, 민트, 소금을 넣고 섞는다. 간 샬롯, 하리사 페이스트, 파슬리를 넣고 고기와 잘 섞이도록 버무려준다.

3. 고기를 6등분한다. 손에 물이나 기름을 조금 바르고 각 덩어리를 두께 2cm, 길이 7cm의 얇은 소시지 모양으로 빚는다. 랩으로 덮어 30분 이상 냉동실에 재워둔다.

4. 나무 꼬치를 이용하려면 고기를 재워두는 동안 꼬치를 찬물에 30분 정도 담가둔다.

5. 작은 그릇에 요거트와 크렘 프레시를 넣어 잘 섞는다. 소금, 카이엔페퍼, 마늘, 칠리, 민트를 넣고 저어준다. 서빙할 그릇에 옮겨 담는다.

6. 코프타를 꼬치에 꿰고 고기가 잘 붙도록 눌러준다. 기름을 바른 바비큐 그릴이나 기름을 발라 달군 그릴팬에 놓는다. 겉면이 고루 갈색이 나도록 8~10분간 굽는다.

7. 뜨거울 때 요거트소스와 함께 낸다.

채소사모사 vegetable samosas

사모사는 인도나 중동지역에서 사랑받는 간식으로 페스츄리 반죽에 속을 채워 튀겨 만든다.
채소만으로 속을 채우거나 스파이시한 양념을 한 닭고기나 다른 육류를 넣기도 한다.

- 8인분
- 30분
- 30분
- 30분

- 3

페스츄리
2컵(300g)	중력분
1작은술	소금
1/4컵(60ml)	식물성기름
1/4컵(60ml)	물

속재료
4개	작은 감자, 껍질을 벗겨 준비한다.
2큰술+튀김용	식물성기름
1작은술	겨자씨
1개	큰 양파, 곱게 다진다.

2쪽	마늘, 곱게 다진다.
3장	커리잎
1/2작은술	강황가루
1/2작은술	고수씨 가루
1/2작은술	큐민가루
1/4작은술	칠리파우더
1/4작은술	가람 마살라
1컵(150g)	얼린 완두콩
2큰술	새로 짠 레몬즙
	토마토 앤 칠리 렐리시(22쪽) 또는 구입한 망고처트니*

1. 중간 크기의 볼에 밀가루와 소금을 섞어 체에 친다. 식물성기름을 넣고 물을 조금씩 넣어가며 반죽한다. 반죽이 매끈하면서 탄력이 생길 때까지 10분간 치댄다. 기름을 바른 볼에 놓고 랩을 씌워 30분간 놓아둔다.

2. 큰 냄비에 감자를 넣고 잠길 정도로 찬물을 부어 센 불에서 끓인다. 물이 끓어오르면 불을 줄여 감자가 부드럽게 익을 때까지 15~20분간 삶는다. 물기를 빼고 약간 식힌다.

3. 중간 크기의 냄비에 2큰술의 기름을 두르고 중불에서 달군다. 겨자씨, 양파, 마늘, 커리잎, 강황, 고수씨, 큐민가루, 칠리파우더, 가람 마살라를 넣고 양파가 부드러워지고 향신료의 향이 살아날 때까지 3~4분간 볶는다.

4. 감자는 주사위 모양으로 썰어 향신료가 든 팬에 넣고 섞는다. 완두콩, 레몬즙을 넣고 젓는다. 불에서 내려 식힌다.

5. 페스츄리 반죽은 8등분해서 작은 공 모양으로 둥글린다. 한 덩어리를 지름 18cm 크기의 원으로 민다. 원형의 반죽은 반으로 갈라 테두리에 물을 묻히고 깔때기 모양으로 말아 겹치는 부위가 벌어지지 않도록 눌러준다.

6. 깔때기 모양의 피에 속재료를 3/4 정도 채운다. 열려 있는 부분에 물을 묻혀 붙인다. 포크를 이용해 테두리를 눌러 자국을 낸다. 남은 반죽과 속재료로 사모사를 만든다.

7. 튀김 팬에 기름을 넣고 데운다. 사모사는 몇 개씩 나누어 표면이 황금빛 갈색이 되도록 4~5분간 튀긴다. 튀겨진 사모사는 체로 건져 키친타월에 올리고 기름을 뺀다.

8. 렐리시나 처트니와 함께 뜨거울 때 낸다.

> * 처트니(chutney) : 다지거나 곱게 간 과일이나 채소에 설탕, 식초, 향신료 등을 넣어 만든 음식

타이식 피시케이크 thai fish cakes

이 매콤한 피시케이크는 스파이시한 요리들로 차린 상차림의 첫 번째 음식으로 내기에 적당하다.

⬤	8인분
⬤	30분
⬤	30분
⬤	30분
🍸	2

딥핑소스

1/2컵(125ml)	물
1/4컵(60ml)	식초
1/3컵(70g)	설탕
2큰술	타이 피시소스
1/4개	오이, 껍질 벗기고 씨를 빼서 주사위모양으로 썬다.
1큰술	볶은 땅콩, 곱게 다진다.

피시케이크

500g	단단한 흰살생선, 굵게 다진다.
1¹/₂큰술	타이 레드커리페이스트
1¹/₂큰술	타이 피시소스

1개	계란 흰자
2개	작은 샬롯, 잘게 다진다.
2개	껍질콩, 얇게 원통형으로 채썬다.
2장	카피르라임잎*, 곱게 다짐
2큰술	곱게 다진 고수잎
	소금와 통후추 간 것
	튀김용 식물성기름
2개	라임, 8등분한다.

1. 작은 냄비에 물, 식초, 설탕을 넣고 약한 불에서 끓인다. 가끔씩 저어가며 설탕이 녹을 때까지 5분 정도 끓인다. 설탕이 녹으면 센 불에 끈적한 시럽이 될 때끼지 5분 정두 좋이다

2. 작은 볼에 소스를 옮기고 피시소스, 오이, 칠리, 땅콩을 넣고 잘 섞은 뒤 식힌다.

3. 생선, 커리페이스트, 피시소스, 계란 흰자를 푸드프로세서에 넣고 매끈해질 정도로 갈아준다.

4. 중간 크기의 볼에 옮겨 담고 샬롯, 콩, 라임잎, 고수잎을 넣어 섞는다. 소금과 후추로 간한다. 16등분해 동글납작하게 빚는다.

5. 튀김팬에 기름을 붓고 중불에서 190도까지 데운다. 튀김용 온도계가 없으면 빵조각을 기름에 넣어 온도를 확인한다. 빵을 넣은 즉시 기포가 생기며 빵이 표면으로 떠올라 갈색으로 변하기 시작하면 적당한 온노가 뵌 깃이디.

6. 피시케이크는 몇 개씩 기름에 넣어 안까지 익고 겉은 황금빛 갈색이 나도록 4~5분간 튀긴다. 튀긴 피시케이크는 키친타월에 올려 기름을 뺀다.

7. 뜨거울 때 딥핑소스와 라임 조각을 곁들여 낸다.

---

* 카피르라임잎(kaffir lime leaves) : 2개의 잎이 연달아 있는 모양을 한 향신료로, 말리거나 생으로 이용된다. 동남아 요리에서 국물에 넣고 끓여 고유의 시큼한 맛과 향을 낸다.

파프리카새우튀김 paprika shrimp pops

튀김을 최대한 바삭하게 유지하고 싶으면 불포화지방산이 많은 카놀라오일, 올리브오일, 땅콩기름을 사용한다.
재료를 튀길 때 기름에서 연기가 나지는 않되 아주 뜨거워야 한다.

6~8인분	**새우**		
30분	350g	중간 크기의 새우, 껍질 벗기고 내장을 제거한 후 머리와 꼬리를 떼어 준비한다.	
10~15분			

		1/8작은술	마늘소금
		3/4컵(125g)	중력분
		약간	소금
		1/4작은술	통후추 간 것
		1/4작은술	파프리카가루
		4컵(1L)	튀김용 식물성기름

튀김옷

2큰술	버터밀크 또는 우유
1개	왕란, 풀어둔다.
1/2작은술	하리사페이스트(30쪽)
	약간 타바스코소스

2

서빙용

	레몬 조각
1컵(250ml)	토마토케첩
1/2작은술	타바스코소스

1. 중간 크기의 냄비에 3컵(750ml)의 물을 붓고 센 불에서 끓인다. 새우를 넣고 분홍색으로 변할 때까지 2~5분간 약한 불에서 익힌다. 건져서 깨끗한 키친타월에 얹어 물기를 완전히 제거한다.

2. 작은 볼에 우유, 계란, 하리사페이스트, 타바스코, 마늘소금을 넣고 휘젓는다. 다른 볼에 밀가루를 넣고 소금, 후추, 파프리카가루와 섞는다. 새우를 우유 혼합물에 담갔다가 건져 향신료를 넣은 밀가루를 묻힌다.

3. 튀김팬이나 깊은 냄비에 기름을 붓고 중불에서 190도까지 데운다. 튀김용 온도계가 없으면 빵조각을 기름에 넣어 온도를 확인한다. 빵을 넣은 즉시 기포가 생기며 빵이 표면으로 떠올라 갈색으로 변하기 시작하면 적당한 온도가 된 것이다.

4. 새우가 황금빛 갈색을 띠면서 파삭해질 때까지 2~3분간 튀긴다. 튀긴 새우는 체로 건져내 키친타월에 올려 기름을 뺀다.

5. 새우는 접시에 레몬 조각과 함께 담는다. 케첩은 타바스코와 섞어 새우를 찍어먹을 수 있게 따로 낸다.

수프와
샐러드

Soups
& Salads

입안이 얼얼한 가스파초 fiery gazpacho

이 수프에는 토마토와 빨간피망에 함유되어 있는 영양소인 비타민 C, B6, K, 베타카로틴, 식이섬유소, 라이코펜이 듬뿍 들어 있다.

4인분	1조각	두껍게 썬 식빵(60g), 껍질 부분은 잘라낸다.
15분	3큰술	레드와인식초
4시간	12개	중간 크기의 잘 익은 토마토, 껍질을 벗기고 씨를 빼낸 후 굵게 다진다.
1	1개	큰 홍고추, 씨를 빼고 굵게 다진다.
	1큰술	썬드라이 토마토퓨레

1작은술	하리사페이스트(30쪽)
3큰술	엑스트라버진 올리브오일
1~2컵	찬 물
(250~500ml)	
	소금과 통후추 간 것
4개	칠리피클, 채썬다.
2큰술	블랙올리브, 씨를 빼고 얇게 썬다.
1큰술	차이브*, 길쭉하게 자른다.

1. 빵, 식초, 토마토, 피망, 홍고추, 토마토퓨레, 하리사페이스트를 푸드프로세서에 넣고 부드러워질 때까지 간다.

2. 되직한 수프가 될 때까지 찬물을 부어 섞는다. 맛을 보고 물의 양을 조절한다. 소금과 후추를 넣어 간한 후 뚜껑을 덮어 4시간 정도 차갑게 보관한다.

3. 수프 그릇에 담고 위에 칠리피클와 올리브를 얹어준다. 차이브를 위에 뿌려 낸다.

> * 차이브(chive) : 서양 허브의 일종으로 서양부추라고도 부른다. 고기의 누린내가 생선의 비린내를 잡는 효과도 있고 장식용으로 잘게 다져 뿌리거나 길게 끈처럼 묶기도 한다.

이 요리가 좋다면 다음의 요리도 추천!

칠리와 파파야 수프

82

레드 핫 생선수프

102

스파이시 쇠고기수프

108

칠리와 파파야 수프 chile & papaya soup

이 특별한 수프는 파파야(포우포우)가 많이 자라는 남아프리카에서 유래했다. 뜨겁게 먹기도 하지만 차갑게도 먹는다.
칠리의 양과 종류를 선택해 매운맛을 조절할 수 있다.

4~6인분	1큰술	버터	1/2작은술	소금
20분	1큰술	해바라기씨유	1/4작은술	백후춧가루
4시간	2개	중간 크기의 양파, 다진다.	약간	육두구*가루
30~35분	1작은술	곱게 간 생강	2컵(500ml)	채소육수(96쪽)
	3개	작은 홍고추, 씨를 빼고 다진다.	2컵(500ml)	우유
2	3개	큰 파파야, 껍질을 벗기고 씨를 빼서 다진다.	2작은술	옥수수전분
	3/4컵(180ml)	망고주스	3/4컵(180ml)	크렘 프레시 또는 생크림

1. 큰 냄비에 버터와 기름을 넣고 중간 불에서 데운다. 양파와 생강을 넣어 물러질 때까지 3~4분간 볶는다.

2. 칠리, 파파야, 망고주스를 넣고 소금과 후추, 육두구를 넣어 간한다. 약한 불에서 재료가 으깨질 정도로 익을 때까지 20분가량 끓인다.

3. 불에서 내려 믹서로 부드럽게 간다.

4. 냄비에 나시 수프를 담고 채소육수와 우유를 부어 섞는다. 자주 저어가며 끓어오르기 직전까지 데운 다음 불을 끈다.

5. 작은 볼에 크렘 프레시와 전분을 섞는다. 이것을 수프에 넣고 휘젓는다. 약한 불에서 계속 저어가며 고루 데워질 때까지 1~2분간 더 끓인다.

6. 뜨겁게 내거나 식혀서 냉장고에 4시간 이상 보관했다가 차갑게 낸다.

---

* 육두구(nutmeg) : "사향 향이 나는 호두"라는 뜻의 육두구는 고기나 생선의 잡는 데 탁월한 효과가 있다. 단단한 씨앗으로 강판에 갈아서 쓰거나 가루로 된 것을 구입해 사용한다.

이 요리가 좋다면 다음의 요리도 추천!

입안이 얼얼한 **가스파초**

80

스파이시 **라씨**

292

매운 시금치수프 hot spinach soup

시금치는 건강과 에너지 하면 떠오르는 대표적인 식품이다. 뽀빠이를 떠올려보라. 시금치는 눈 건강에 좋은 루테인과 그밖에 다른 영양소가 풍부하고 강한 항암성분을 가진 것으로도 알려져 있다.

4인분	2큰술	엑스트라버진 올리브오일
15분	3개	빨간양파, 채썬다.
20~25분	2쪽	마늘, 채썬다.
	1작은술	매운 파프리카
	1개	큰 홍고추, 씨를 빼고 채썬다.
	1개	풋고추, 씨를 빼고 채썬다.
1	1작은술	큐민가루
	1컵(50g)	다진 파슬리
	1컵(50g)	다진 민트
	4컵(1L)	채소육수(96쪽), 데워서 준비한다.

1큰술	할라피뇨 병조림, 건져둔다.
500g	시금치, 다진다.
1개	유기농 라임이나 레몬, 껍질을 곱게 간다.
2개	라임이나 레몬, 즙을 짠다.
3큰술	장식용 플레인요거트

1. 큰 냄비에 기름을 두르고 중간 불에서 달군다. 양파를 넣고 부드러워질 때까지 3~4분간 볶는다.

2. 마늘, 파프리카, 고추, 큐민, 1큰술씩의 파슬리와 민트를 넣고 부드러워질 때까지 6~8분간 더 볶는다.

3. 뜨거운 육수와 할라피뇨를 약한 불에서 10분간 끓인다.

4. 시금치와 남은 파슬리, 민트, 라임껍질, 라임즙을 넣고 섞는다. 시금치가 숨이 죽을 정도로 1분만 끓여 불에서 내린다.

5. 건더기가 약간 느껴질 정도로 믹서에 간다. 뜨거울 때 요거트를 위에 장식해 낸다.

이 요리가 좋다면 다음의 요리도 추천!

한국식 시금치샐러드

110

시금치코르마

232

병아리콩과 시금치

262

커리향의 파스닙수프 curried parsnip soup

파스닙(parsnip)은 당근 모양의 크림색 뿌리채소로 날로 먹으면 무와 비슷한 맛이 나고 익히면 더 부드러운 맛이 난다. 주로 스튜나 수프에 넣어 먹는다. 파스닙에는 다양한 비타민과 무기질, 식이섬유소가 들어 있다. 사람들의 눈길을 끌지 못하는 채소지만 본래의 단맛이 향료와 잘 어우러져 기가 막힌 수프가 된다. 이 수프는 소화가 잘 되며 간이나 신장 건강에도 좋다.

4인분	2큰술	엑스트라버진 올리브오일
20분	1개	중간 크기의 양파, 굵게 다진다.
40~45분	2쪽	마늘, 곱게 다진다.
	1작은술	강황가루
	1/2작은술	큐민가루
	1/4작은술	고수씨 가루
1	1/4작은술	생강가루
	1/4작은술	칠리파우더

800g	파스닙, 껍질을 벗겨 굵게 다진다.
4컵(1L)	닭육수(104쪽)
1컵(250ml)	라이트크림*
	소금과 통후추 간 것
	차이브, 길게 자른다.

1. 큰 냄비에 기름을 두르고 중간 불에서 달군다. 양파와 마늘을 넣고 부드러워질 때까지 3~4분간 볶는다. 강황, 큐민, 고수씨, 생강, 칠리파우더를 넣고 향이 살아나도록 2~3분간 볶는다.

2. 파스닙을 넣고 육수를 부어 끓인다. 끓기 시작하면 파스닙이 부드러워질 때까지 30분가량 약한 불에서 뚜껑을 덮고 끓인다.

3. 핸드믹서로 덩어리 없이 매끈할 때까지 간다. 냄비에 크림을 넣어 섞고 가끔씩 저어가며 끓인 뒤 소금과 후추로 간한다. 차이브로 장식해 뜨겁게 낸다.

---

* 라이트크림(light cream) : 휘핑크림이 일반적으로 30%의 유지방을 포함하는 데 비해 라이트크림은 20%, 헤비크림은 40%, 더블크림은 48% 이상의 유지방을 포함하고 있다. 우리나라에서는 구하기 어려우므로 휘핑크림을 이용하면 된다.

이 요리가 좋다면 다음의 요리도 추천!

칠리와 파파야 수프

82

매운 시금치수프

84

타이식 호박수프

88

타이식 호박수프 thai pumpkin soup

호박에는 암, 심장병, 2형 당뇨병을 물리치는 데 도움이 된다고 알려진 카로틴이 매우 풍부하다.

4인분

20분

40~45분

1

2큰술	식물성기름
1개	큰 양파, 굵게 다진다.
2쪽	마늘, 곱게 다진다.
1큰술	야자설탕 또는 갈색설탕
2큰술	칠리페이스트
1큰술	곱게 다진 레몬그라스
1큰술	곱게 다진 생강
1Kg	호박, 껍질 벗기고 씨를 빼서 굵게 다진다.

2컵(500ml)	채소육수(96쪽) 또는 닭육수(104쪽)
2컵(400ml)	코코넛밀크 통조림
1큰술	타이 피시소스
	소금과 통후추 간 것
	고수잎, 장식용

1. 큼직한 냄비에 기름을 두르고 중간 불에서 달군다. 양파, 마늘, 설탕을 넣고 부드러워질 때까지 3~4분간 볶는다. 칠리페이스트, 레몬그라스, 생강을 넣고 향이 살아나도록 2~3분간 볶는다.

2. 호박과 육수를 넣고 끓인다. 호박이 물러질 때까지 30분간 뚜껑을 덮고 약한 불에서 끓인다.

3. 코코넛밀크와 피시소스를 넣고 저어준다. 불에서 내려 핸드믹서로 부드럽게 간 뒤에 가끔씩 저어가며 다시 끓인다. 소금과 후추로 간한다.

4. 고수잎을 얹어 뜨겁게 낸다.

이 요리가 좋다면 다음의 요리도 추천!

커리향의 **파스닙수프**

86

아콘호박, 코코넛과 새우를 넣은 수프

92

티카수프

94

타이식 핫 앤 사워 수프 thai hot & sour soup

레몬그라스, 라임잎, 향신료가 어우러져 만드는 이국적인 풍미는 입맛을 돋우기에 적당하다.
수프에 가는 쌀국수를 말아 먹으면 든든한 식사가 된다.

	향신료페이스트		수프	
🍽 4인분	5큰술	땅콩기름	4컵(1L)	채소육수(96쪽)
⏱ 15분	3개	샬롯, 곱게 다진다.	6장	카피르라임잎
🍲 15~20분	3개	작은 풋고추, 다진다.	2큰술	타이 피시소스 또는 저염간장
	3쪽	마늘, 곱게 다진다.	1작은술	야자설탕 또는 갈색설탕
	1쪽	생강, 껍질 벗기고	3큰술	새로 짠 라임즙
🍴 2		강판에 곱게 간다.	250g	느타리버섯, 굵게 다진다.
	6큰술	고수잎과 줄기, 굵게 다진다.	2개	큰 홍고추 또는 풋고추,
	2줄기	레몬그라스, 곱게 다진다.		씨를 빼고 굵게 다진다.
	1/2컵(125ml)	물	2컵(100g)	숙주나물
	1큰술 듬뿍	야자설탕 또는 갈색설탕	1큰술	장식용 고수잎
	1작은술	소금		

1. 팬에 기름을 두르고 중간 불에서 달군다. 샬롯을 넣고 연한 갈색이 나도록 4~5분간 볶아 다른 그릇에 옮겨둔다.

2. 같은 팬에 고추와 마늘을 넣고 색이 변하기 직전까지 2~3분간 볶는다. 볶은 샬롯과 함께 둔다. 팬과 남은 기름은 나중에 쓸 수 있도록 그대로 둔다.

3. 생강, 고수잎, 레몬그라스, 물을 2번과 함께 믹서에 넣고 고운 페이스트가 될 때까지 간다.

4. 팬에 다시 불을 켜고 달궈지면 페이스트, 설탕, 소금을 넣고 젓는다. 페이스트가 갈색이 될 때까지 3~4분 동안 약한 불에서 저어가며 끓인다. 끓고 나면 잠시 치워둔다.

5. 중간 크기의 냄비에 육수를 끓이다가 페이스트를 넣고 젓는다. 카피르라임잎, 피시소스, 설탕, 라임즙, 버섯, 고추를 넣는다. 뚜껑을 덮고 끓인다. 끓어오르면 불을 줄이고 버섯이 적당히 부드러워질 정도로 10분간 약한 불에서 끓인다.

6. 숙주나물과 고수잎을 얹어 뜨겁게 낸다.

아콘호박, 코코넛과 새우를 넣은 수프

acorn squash, coconut & shrimp soup

향이 좋은 이 수프는 간단한 점심식사로 좋다. 재스민 쌀이나 쌀국수를 넣어 가벼운 스튜로 만들어 먹을 수도 있다.

4인분	2컵(500ml)	채소육수(96쪽)	350g	큰 새우, 껍질을 벗기고 내장을 제거한다.
15분	3큰술	하리사페이스트(30쪽) 또는 구입한 타이 레드커리페이스트	1개	라임, 즙을 짠다.
20~25분	1²/3컵(400ml)	코코넛밀크	2개	쪽파, 곱게 어슷썰기한다.
	2줄기	레몬그라스, 칼등으로 두들겨둔다.	1개	홍고추, 씨를 빼고 곱게 채썬다.
1	1개	아콘호박, 껍질을 벗기고 작은 조각으로 자른다.	2큰술	바질, 손으로 잎을 찢어놓는다.

1. 큼직한 냄비나 우묵한 팬에 육수를 붓는다. 하리사페이스트를 넣고 잘 섞이도록 저은 뒤 2~3분간 끓인다.

2. 코코넛밀크를 붓고 레몬그라스를 넣는다. 부글부글 끓기 전까지 2~3분간 저어주며 약한 불에서 끓이다 호박을 넣는다. 호박이 부드럽게 익을 때까지 10~12분간 더 끓인다.

3. 새우를 넣고 5분 더 뭉근히 끓인다. 레몬그라스는 건져내고 라임즙을 넣어 섞는다.

4. 쪽파, 홍고추, 바질을 얹어 뜨거울 때 낸다.

이 요리가 좋다면 다음의 요리도 추천!

타이식 **호박수프**

88

타이식 핫 앤 **사워 수프**

90

똠얌수프

104

티카수프 tikka soup

이 수프는 티카페이스트(28쪽)를 이용해 만든다. '티카' 라는 말은 페르시아어, 우르두어, 펀잡어에서 유래한 말로 '조각들' 을 뜻한다.

⬤ 4~6인분	**닭고기**	
🟢 30분	5큰술	플레인요거트
🌡 2~3시간	1작은술	소금
🍲 40~45분	2큰술	티카페이스트(28쪽)
	2조각	껍질 벗긴 닭가슴살
🍴 2		
	수프	
	2큰술	버터
	2큰술	땅콩기름
	3개	작은 양파, 다진다.
	1개	중간 크기의 홍고추, 씨를 빼고 채썬다.
	1개	큰 풋고추, 씨를 빼고 곱게 다진다.
	1조각(5cm)	생강, 강판에 곱게 간다.

2쪽	마늘, 다진다.
4장	커리잎(선택사항)
1작은술	강황가루
1작은술	파프리카
1작은술	고수씨 가루
1작은술	큐민가루
1/2작은술	통후추 간 것
$2^2/_3$컵(650ml)	닭육수(104쪽)
1/2컵(100g)	녹색 또는 빨간렌틸통조림, 체에 받쳐둔다.
3/4컵(180ml)	코코넛밀크
1작은술	소금
3큰술	플레인요거트
1/2컵(25g)	장식용 고수잎

1. 볼에 요거트, 소금, 티카페이스트를 넣고 섞는다. 준비한 닭고기에 골고루 바르고 냉장고에서 2~3시간 재운다

2. 큰 냄비에 버터와 기름을 넣고 약한 불에서 달군다. 양파를 넣고 약간 갈색이 돌 정도로 15~20분간 볶는다.

3. 고추, 생강, 마늘, 커리잎을 넣고 섞는다. 팬에 뚜껑을 덮고 4분간 익힌다. 강황, 파프리카, 고수씨, 큐민, 후춧가루를 넣고 약한 불에서 2분 더 끓인다.

4. 육수 400ml, 코코넛밀크, 소금을 팬에 붓고 중간 불에서 저어가며 3~4분간 끓인다.

5. 불에서 내려 핸드믹서로 약간의 알갱이가 느껴질 정도로 갈아준다.

6. 그릴팬이나 철판을 아주 뜨겁게 달군다. 닭은 팬에 올리고 재웠던 양념은 남겨둔다. 양념을 발라가며 한 면당 5분씩 구워 속까지 익힌다. 남은 양념은 수프에 이용할 수 있노록 넘서둔다.

7. 수프를 팬에 다시 붓고 닭가슴살을 재워두었던 양념 남은 것과 섞는다. 남은 육수를 이용해 걸쭉한 수프가 되도록 농도를 조절한다. 다시 불을 켜 수프를 데운다. 2큰술의 플레인요거트를 넣는다. 1~2분 동안 계속 저어가며 약한 불에서 끓인다. 절대 수프가 펄펄 끓지 않도록 한다.

8. 수프의 간을 맞추고 그릇에 담는다. 닭고기를 위에 얹고 고수잎, 남은 요거트를 뿌려 뜨겁게 낸다.

바삭한 양파튀김을 얹은 빨간렌틸수프

red lentil soup with crispy onion

채소육수는 필요한 것보다 많이 만들어둬도 좋다. 냉장고에 4~5일간 두고 먹을 수 있으며 얼려서 보관해도 되기 때문이다.

◉ 4인분
🟢 80분
🌡 20분
🍲 40~45분

🍸 2

채소육수

2큰술	엑스트라버진 올리브오일
2개	중간 크기의 양파, 정향 2개를 양파에 박아 넣는다.
2개	중간 크기의 당근, 2등분한다.
2줄기	셀러리, 잎도 이용한다.
2개	작은 토마토
1웅큼	파슬리
8개	통후추
2장	월계수잎
1작은술	천일염
10컵(2.5L)	찬 물

수프

3큰술	엑스트라버진 올리브오일
2개	빨간양파, 곱게 다진다.
3쪽	마늘, 짓이긴다.
1작은술	큐민씨
1/2작은술	고수씨 가루
1²/₃컵(150g)	갈라놓은 빨간렌틸
6컵(1.5L)	채소육수 또는 닭육수(104쪽)
1¹/₂작은술	매운 파프리카
	유기농 레몬의 곱게 간 껍질
	소금과 통후추 간 것

타바스코	
2~3큰술	레몬즙

바삭한 양파튀김

1개	큰 양파, 원형으로 얇게 채썬다.
3/4컵(200ml)	식물성기름

1. 큰 냄비에 기름을 둘러 중간 불에서 달군다. 양파, 당근, 셀러리, 토마토, 파슬리, 통후추, 월계수잎, 소금을 넣는다. 채소들이 부드러워질 때까지 5분간 볶는다.

2. 물을 붓고 뚜껑을 반만 덮어 끓인다. 끓어오르면 불을 줄여 1시간 동안 약한 불에서 끓인다. 고운 체에 밭쳐 건더기를 건져낸다.

3. 큰 냄비에 기름을 두르고 중간 불에서 달군다. 양파와 마늘을 넣고 부드러워질 때까지 3~4분간 볶는다. 큐민과 고수씨를 넣고 저어 향이 살아나도록 1분 정도 볶는다.

4. 렌틸과 육수 6컵(1.5L)을 넣고 끓여준다. 끓어오르면 불을 줄여 렌틸이 익을 때까지 30~40분간 약한 불에서 끓인다. 파프리카를 넣고 섞는다.

5. 원형으로 썬 양파는 키친타월 사이에 끼워 20분간 두면 물기가 제거된다.

6. 중간 크기의 튀김 팬에 기름을 붓는다. 중간 불에 올려 기름을 달군다. 양파를 넣고 황금빛 갈색이 되도록 8~10분간 튀긴다.

7. 양파를 체로 건져내고 키친타월에 얹어 기름기를 빼준다. 식어서 아주 바삭해지면 다른 그릇에 담는다.

8. 수프에 소금과 후추로 간을 맞춘다. 더 매콤한 맛을 원하면 타바스코소스를 약간 넣는다. 레몬즙을 넣고 섞는다.

9. 수프는 미리 데워 놓은 그릇에 4등분 또는 6등분해서 담고 위에 바삭한 양파를 얹어낸다.

그린칠리와 **보리 수프** green chile & barley soup

통보리는 식이섬유와 셀레늄이 풍부한 식품이다. 규칙적으로 먹으면 콜레스테롤을 낮추는 데 효과적이라고 알려져 있다.
통보리를 파스타나 쌀 대신 이용하거나 샐러드에 넣어 보기도 하고 맛있는 스파이시 수프로도 먹어보자.

4인분	**향미버터**		**수프**	
50분	1/3컵(90g)	버터, 상온에 두어	2큰술	버터
25분		부드럽게 한다.	2개	양파, 곱게 다진다.
		소금과 통후추 간 것	6~8대	실파, 얇게 채썬다.
	1/2작은술	훈제파프리카가루	2~3개	할라피뇨, 씨를 빼고 다진다.
	1쪽	작은 마늘, 으깬다.	1큰술	중력분
2	1/2작은술	레드페퍼후레이크	100g	통보리
	1큰술	곱게 다진 민트	5컵(1.2L)	채소육수(96쪽) 또는
	1대	큰 실파, 흰 부분만 다진다.		닭육수(104쪽)
		유기농 레몬 반쪽,	1대	계피 껍질
		껍질을 곱게 간다.	1/2작은술	메이스*가루
	1작은술	레몬즙	200g	그리스식 요거트
			2큰술	신선한 레몬즙

1. 버터에 소금, 후추, 파프리카, 마늘을 넣고 부드럽고 가벼운 질감이 되도록 젓는다. 레드페퍼후레이크, 민트, 실파, 레몬 껍질, 레몬즙을 넣고 섞어 다른 그릇에 담아둔다.

2. 큰 냄비에 버터를 넣고 약한 불에서 녹인다. 양파, 실파, 고추를 넣는다. 뚜껑을 덮어 부드러워질 때까지 10~15분간 가끔 저어주며 익힌다.

3. 밀가루와 보리를 넣고 계속 저어가며 1분간 익힌다. 육수를 붓고 계피와 메이스를 넣는다. 뚜껑을 반만 덮고 보리가 부드럽게 익을 때까지 30분가량 약한 불에서 끓인다. 불을 끄고 계피를 꺼낸다.

4. 다른 그릇에 요거트와 레몬즙을 넣고 수프를 한 국자 덜어 같이 섞어준다. 섞은 것은 다시 수프에 넣어 고루 젓는다.

5. 냄비에 다시 불을 켜고 저어가며 2~3분간 약한 불에서 끓인다. 절대 수프가 끓어오르지 않게 한다. 소금으로 간한다.

6. 내기 직전에 향미버터를 팬에 넣고 갈색이 돌도록 끓인다.

7. 4개의 덥혀둔 우묵한 그릇에 수프를 담고 버터를 뿌려준다. 뜨거울 때 낸다.

* 메이스 : 육두구 껍질을 이용한 향신료로, 육두구보다 향이 강렬하다.

스파이시 검정콩수프 spicy black bean soup

이 스파이시 수프는 검정콩의 원산지라고 여겨지는 멕시코에서 즐겨먹는다. 콩을 규칙적으로 먹으면
콜레스테롤을 낮추고 혈당을 조절하는 데 효과가 있다고 한다.

4인분	500g	말린 검정콩
25분	2큰술	엑스트라버진 올리브오일
12시간	4조각	베이컨, 껍질은 도려내고 굵게 다진다.
90분	1개	중간 크기의 양파, 정사각형으로 썬다.
1	3쪽	마늘, 곱게 다진다.
	1큰술	칠리파우더
	1작은술	큐민가루
	1/2작은술	말린 오레가노

1/2작은술	바스러뜨린 통후추
2줄기	셀러리, 다진다.
1개	큰 당근, 주사위모양으로 썬다.
2개	빨간피망, 씨를 빼고 정사각형으로 썬다.
2개	할라피뇨, 씨를 빼고 정사각형으로 썬다.
1장	월계수잎
5컵(1.25L)	채소육수(96쪽) 또는 닭육수(104쪽)
	소금

1. 중간 크기의 볼에 검은 콩을 넣고 잠길 정도로 찬 물을 부어 밤새 불린다.

2. 불린 콩은 건져내 중간 크기의 냄비에 넣는다. 물을 잠길 정도로 붓고 끓이다가 끓어오르면 불을 줄여 20분간 약한 불에서 삶는다. 삶아진 콩은 건져 둔다.

3. 중간 크기의 냄비에 기름을 두르고 중간 불에서 달군다. 베이컨, 양파, 마늘을 넣고 부드러워질 때 까지 3~4분간 볶는다. 칠리파우더, 큐민, 오레가노, 후추를 넣고 향이 살아나도록 2분간 볶는다.

4. 셀러리, 당근, 피망, 할라피뇨, 월계수잎, 육수를 냄비에 넣는다. 끓기 시작하면 삶아둔 콩을 넣고 속까지 잘 익도록 1시간 동안 약한 불에서 끓인다. 소금으로 간한다. 뜨거울 때 낸다.

이 요리가 좋다면 다음의 요리도 추천!

바삭한 양파튀김을 얹은 **빨간렌틸수프**

96

스파이시 **달**

264

검은눈콩칠리

268

레드 핫 생선수프 red hot fish soup

생선은 지방이 적고 단백질과 비타민 B1, B6, D와 같은 영양소들이 풍부하다.
주기적으로 생선을 먹으면 심장병 발병 위험이 크게 낮아진다고 한다.

🍲	6인분	2큰술	엑스트라버진 올리브오일	1작은술	말린 오레가노
🟢	25분	3작은술	레드칠리페이스트 또는	1/2작은술	말린 타임
🍳	35~40분		하리사페이스트(30쪽)	1/2작은술	레드페퍼후레이크
		1개	큰 양파, 곱게 다진다.	2큰술+여유분	곱게 다진 파슬리
		2쪽	마늘, 곱게 다진다.		소금과 통후추 간 것
		6개	큰 토마토, 껍질을 벗겨 다진다.	750g	단단한 흰살생선, 도미, 넙치,
🍴	2	2컵(500g)	파사따*, 체에 밭쳐둔다.		대구, 아귀 등을 4cm 크기로
		4컵(800g)	토마토 통조림, 국물도 이용한다.		썬다.
		1작은술	설탕		
		1/2컵(125ml)	달지 않은 화이트와인		

1. 큼직한 냄비에 기름을 두르고 중간 불에서 달군다. 칠리페이스트 1작은술을 넣고 몇 초간 볶는다. 양파와 마늘을 넣고 부드러워질 때까지 3~4분간 볶는다.

2. 다진 토마토를 넣고 2분간 익힌다. 파사따, 토마토 통조림, 설탕, 포도주, 말린 오레가노, 타임, 레드페퍼후레이크, 파슬리를 넣고 젓는다. 소금과 후추로 간한다. 20분간 약한 불에서 끓인다.

3. 생선을 넣고 살이 부서지지 않도록 조심스럽게 젓는다. 생선살이 익을 때까지 5~7분간 약한 불에서 끓인다.

4. 데워둔 그릇에 수프를 담는다. 남은 2작은술의 칠리페이스트와 파슬리를 위에 얹어 뜨거울 때 낸다.

* 파사따(passata) : 토마토를 으깨 껍질과 씨를 제거해 끓여둔 것으로, 구하기 힘들면 토마토페이스트를 이용한다.

이 요리가 좋다면 다음의 요리도 추천!

똠얌수프

104

해산물락사

106

코코넛생선커리

142

똠염수프 tom yum soup

똠염수프는 태국의 유명한 수프로 직접 만든 닭육수, 새우, 향신료 혼합물을 이용해 만든다.
이 레시피에는 닭육수 만드는 법이 포함되어 있다. 이 레시피를 따르면 약 3L의 육수를 만들 수 있다.
넉넉히 만들어 얼려 두었다가 다른 음식을 만들 때 이용하면 편리하다.

4인분	**닭육수**	
30분	1마리	1.5Kg 중량의 닭
3시간 30분	5L	물
	2개	양파, 4등분한다.
	2개	당근, 2등분한다.
	1대	셀러리
2	1움큼	파슬리
	2장	월계수잎
		소금과 통후추 간 것
	수프	
	3개	토마토, 굵게 다진다.
	2대	레몬그라스, 칼등으로 짓이긴다.
	3개	고수 뿌리, 짓이긴다.
	1조각(4cm)	갈랑갈* 또는 생강, 얄팍하게 저민다.

2개	홍고추, 씨를 빼고 얇게 채썬다.
4장	카피르라임잎
1/2큰술	타마린드**페이스트
2큰술	타이 피시소스
2개	라임, 즙을 짠다.
2큰술	갈아놓은 야자설탕 또는 갈색설탕
125g	초고버섯*** 통조림, 물에 헹궈 반으로 가른다.
2조각	뼈를 제거하고 껍질을 벗긴 닭가슴살, 얇게 썬다.
12마리	새우, 내장을 제거하고 꼬리부분을 제외한 껍질을 벗김
1큰술	고수잎

1. 큰 곰솥에 닭을 넣고 물을 부어 중간 불에서 끓인다. 불순물이 표면에 떠오르면 건져가면서 끓인다. 양파, 당근, 셀러리, 파슬리, 월계수잎, 소금을 넣고 약한 불에서 끓인다. 육수가 끓어오르지 않도록 주의하며 3시간 정도 뭉근히 끓이는데, 이때 물이 부족하면 닭이 잠길 정도로 물을 보충해가며 끓인다.

2. 불을 끄고 닭과 채소를 건져낸다. 육수는 고운 금속 체에 걸러 식힌다. 차갑게 식혀 두었다가 지방이 위에 단단하게 뜨면 걷어낸다.

3. 큰 냄비에 6컵(1.5L)의 육수를 넣고 중간 불에서 끓인다. 토마토, 레몬그라스, 고수 뿌리, 갈랑갈, 고추, 카피르라임잎, 타마린드를 넣고 불을 줄여 20분간 약한 불에서 서서히 끓인다. 피시소스, 라임즙, 야자설탕, 버섯을 넣고 5분 더 약한 불에서 끓인다.

4. 닭과 새우를 넣고 새우가 분홍빛을 띠고 닭이 완전히 익을 때까지 4~5분간 끓인다.

5. 고수 뿌리와 레몬그라스는 건져낸다. 고수잎으로 장식해 뜨겁게 낸다.

---

* 갈랑갈(galangal) : 생강과의 맛과 향이 강한 향신료로 양파와 생강을 합한 맛이 난다.
** 타마린드(tamarind) : 동남아 음식 특유의 새콤달콤한 향미를 내는 향신료로 콩꼬투리처럼 생겼다.
*** 초고버섯(straw mushroom) : 중국음식에 많이 쓰이는 연한 버섯으로 시중에서 통조림으로 구할 수 있다.

해산물라크사 seafood laksa

라크사수프는 싱가포르와 말레이시아에서 즐겨먹는 음식으로 중국과 말레이의 영향을 고루 받은 것이다. 라크사수프는 매운 정도와 국수의 굵기, 코코넛밀크의 첨가여부 등에 따라 다양한 종류가 있다. 라크사페이스트는 동남아시아 식재료를 판매하는 상점이나 인터넷에서 구입할 수 있다.

6인분	250g	호킨국수	500g	단단한 흰살생선, 도미, 대구, 넙치, 아귀 등을 이용해 2.5cm 크기로 잘라둔다.	
20분	250g	가는 쌀국수			
10분	1큰술	땅콩기름	250g	관자	
10분	1/4컵(60g)	라크사페이스트	8개	홍합, 깨끗이 씻는다.	
	3컵(750ml)	코코넛밀크	2컵(100g)	숙주나물	
2	2컵(500ml)	생선육수	1/2컵(25g)	고수잎	
	1대	레몬그라스, 칼등으로 짓이긴다.	1/2컵(25g)	베트남 민트 또는 일반 민트	
	3장	카피르라임잎, 곱게 채썬다.	4작은술	장식용 삼발오렉(칠리페이스트)	
	500g	새우, 내장을 제거하고 꼬리를 제외한 껍질을 벗긴다.			

1. 중간 크기의 냄비에 2가지 국수를 담고 끓는 물을 잠기도록 붓는다. 국수가 부드러워지도록 10분간 둔다.

2. 큰 냄비에 기름을 두르고 약한 불에서 데운다. 라크사페이스트를 넣고 향이 살아나도록 1~2분간 젓는다. 코코넛밀크, 생선육수, 레몬그라스, 카피르라임잎을 넣고 끓인다. 새우, 생선, 관자, 홍합을 넣고 뚜껑을 덮어 해산물이 익도록 3~5분간 끓인다. 껍데기가 벌어지지 않은 홍합은 버린다.

3. 국물이 끓는 동안 국수를 4개의 우묵한 수프 그릇에 나누어 담는다. 위에 숙주나물, 고수잎, 민트를 얹는다. 라크사 국물을 국자로 떠서 국수에 붓고 해산물을 골고루 넣는다.

4. 그릇마다 1작은술의 칠리페이스트를 얹어 뜨거울 때 낸다.

이 요리가 좋다면 다음의 요리도 추천!

레드 핫 생선수프
102

똠얌수프
104

코코넛생선커리
142

스파이시 쇠고기수프 spicy beef soup

이 레시피는 매운 음식을 즐겨먹는 칠리의 고장 멕시코에서 유래한 것이다. 가능한 약한 불에서 오래도록 끓여야
쇠고기가 부드럽게 익는다. 국물이 너무 졸아들면 물을 더 붓는다.

🅞	4~6인분	3큰술	엑스트라버진 올리브오일	1개	당근, 곱게 다진다.
🅖	15분	1개	중간 크기의 양파, 채썬다.	2개	빨간피망, 씨를 빼고 굵게 채썬다.
🍲	60~120분	3쪽	마늘, 곱게 다진다.		
		2개	작은 홍고추, 씨를 빼고 곱게 다진다.	5개	중간 크기의 토마토, 주사위모양으로 썬다.
		1큰술	파프리카가루	2컵(400g)	옥수수 통조림, 체에 밭쳐 둔다.
🍴	1	2작은술	큐민가루	8컵(2L)	물
		1작은술	통후추 간 것	500g	쇠고기 우둔살 또는 양지
		1작은술	칠리파우더	3큰술	곱게 다진 오레가노
		2장	월계수잎		소금
		2대	셀러리, 곱게 다진다.		

1. 큼직한 팬에 기름을 두르고 중간 불에 올려 달군 다. 양파, 마늘, 고추를 넣고 부드러워질 때까지 3~4분간 볶는다. 파프리카가루, 큐민, 후추, 칠리 파우더, 월계수잎을 넣고 향이 살아나도록 1~2분 간 볶는다.

2. 셀러리, 당근, 피망, 토마토, 옥수수를 넣고 고루 뒤섞는다. 물을 붓고 끓인다. 쇠고기와 오레가노를 넣고 약한 불에서 쇠고기가 아주 부드러워질 때까 지 1~2시간 정도 끓인다.

3. 냄비에서 쇠고기를 건져 식힌다. 쇠고기는 손으로 찢어 다시 냄비에 넣는다. 소금으로 간하고 살짝 다시 끓여 뜨거울 때 낸다.

이 요리가 좋다면 다음의 요리도 추천!

스파이시 **검정콩수프**

100

스파이시 **쇠고기스튜**

198

쇠고기마드라스

202

한국식 시금치샐러드 korean spinach salad

한국의 김치는 곁들여 나오는 반찬이나 샐러드로 사랑받는다.

🍲 4인분	4컵(200g) 어린 시금치잎	4큰술 고춧가루
🥗 10분	1/4통 배추, 채썬다.	2쪽 마늘, 으깬다.
⏲ 15~20분	1대 리크*, 얇게 채썬다.	2큰술 멸치젓
	2큰술 참깨	1작은술 강판에 곱게 간 생강
	2큰술 쌀	
	1/4컵(60ml) 물	
🍴 2	1/2개 양파, 곱게 다진다.	

1. 시금치, 배추, 리크, 참깨를 샐러드 그릇에 담아 둔다.

2. 작은 냄비에 쌀과 물을 넣고 중간 불에서 끓인다. 가끔 저어가며 약한 불에서 쌀이 풀처럼 부드럽게 될 때까지 15~20분간 끓인다.

3. 냄비에 양파, 고춧가루, 마늘, 멸치젓, 생강을 넣고 풀과 섞는다. 샐러드 위에 뿌리고 고루 뒤섞어 낸다.

---

* 리크(leek) : 파처럼 흰 줄기와 파란 잎을 가진 채소로 파보다 잎이 더 단단하다. 흰 줄기 부분을 주로 먹는데 양파보다 순한 단맛을 가지고 있다.

이 요리가 좋다면 다음의 요리도 추천!

그린파파야샐러드

112

세 가지 색의 **라이스샐러드**

116

그린파파야샐러드 green papaya salad

이 가볍고 상큼한 샐러드는 식전에 따로 내거나 구운 생선이나 고기 요리에 곁들여 낼 수 있다.

4인분	1다발	껍질콩, 2.5cm 길이로 자른다.	3큰술	타이 피시소스
10분	2개	큰 그린파파야(포우포우),	2큰술	새로 짠 라임즙
1분		껍질을 벗기고 씨를 제거한다.	2큰술	야자설탕 또는 갈색설탕
	24개	방울토마토, 2등분한다.	1/2컵(80g)	볶은땅콩, 굵게 다진다.
	2개	말린 홍고추, 바스러뜨린다.		
	2쪽	마늘, 굵게 다진다.		
1	1¹/₂큰술	말린 새우		

1. 큰 냄비에 물을 붓고 센 불에서 끓인다. 물이 끓으면 껍질콩을 넣고 1분간 데쳐내 얼음물에 담근다. 물기를 제거하고 큰 볼에 담는다.

2. 파파야는 성냥개비 길이로 자른다. 파파야, 방울토마토, 땅콩의 반을 껍질콩과 섞는다.

3. 홍고추, 마늘, 말린 새우를 절구에 넣고 빻는다. 피시소스, 라임즙, 야자설탕을 넣고 섞이도록 더 빻아준다. 이 혼합물을 파파야에 붓고 뒤섞는다.

4. 남은 땅콩을 위에 뿌려 낸다.

이 요리가 좋다면 다음의 요리도 추천!

한국식 시금치샐러드

110

파인애플, 생강과 칠리 샐러드

114

칠리껍질콩

228

파인애플, 생강과 칠리 샐러드

pineapple, ginger & chile salad

신선하고 담백한 이 샐러드는 애피타이저로 먹어도 좋고 해산물이나 고기 요리에 곁들여 먹어도 좋다.
비타민과 무기질이 듬뿍 들어 있는 음식이다.

🍽 4인분	1개	파인애플, 껍질을 벗기고 가운데 단단한 심을 제거한다.	3큰술 곱게 다진 생강
🕐 10분			2쪽 마늘, 곱게 다진다.
🌡 30분	2개	오이, 껍질을 벗기고 씨를 파낸다.	4큰술 신선한 라임즙
	1/4컵(25g)	곱게 다진 파슬리	
🍴 1	4개	풋고추, 씨를 빼고 곱게 다진다.	

1. 파인애플과 오이는 2cm 크기의 주사위모양으로 잘라 볼에 담아둔다. 파슬리, 고추, 생강, 마늘, 라임즙을 넣고 잘 뒤섞는다.

2. 랩으로 덮어 양념이 고루 배어들도록 30분간 보관했다가 상에 낸다.

이 요리가 좋다면 다음의 요리도 추천!

한국식 **시금치샐러드**

110

닭고기, 자몽과 고수 **샐러드**

120

세 가지 색의 라이스샐러드 tricolor rice salad

이 샐러드는 일품 요리로 한 끼를 해결하기에 충분할 정도로 든든하다. 카마르그 홍미(camargue red rice)는 프랑스 남부 카마르그 지역에서 재배되는 붉은 색의 쌀로 우리나라에서도 구할 수 있다.

4~6인분
20~25분
30분

2

샐러드

1/2컵(100g)	재스민 쌀
1/2컵(100g)	현미
1/2컵(100g)	카마르그 홍미
약간	소금
2/3컵(100g)	얼린 완두콩
2/3컵(100g)	얼린 납작콩
2/3컵(100g)	얼린 옥수수
2개	큰 홍고추, 씨를 빼고 곱게 채썬다.
1대	실파, 곱게 채썬다.
1컵(50g)	루꼴라, 다듬는다.
2개	단단한 토마토, 굵게 다진다.
1큰술	볶은 통깨
1큰술	볶은 해바라기씨
1큰술	볶은 호박씨
2개	라임, 6등분한다.

드레싱

1개	작은 홍고추, 다진다.
1개	작은 풋고추, 다진다.
1큰술	야자설탕 또는 갈색설탕
1쪽	작은 마늘, 으깬다.
2cm	생강, 강판에 간다.
1/4컵(50ml)	새로 짠 라임즙
3큰술	참기름
3큰술	타이 피시소스

1. 쌀은 포장에 적혀 있는 대로 따로따로 조리한다. 익힌 쌀은 물을 따라내고 흐르는 찬물에 씻어 식힌다. 키친타월로 물기를 제거한 다음 큼직한 샐러드 볼에 담아 섞는다.

2. 다른 냄비에 물을 많이 넣고 끓이다가 완두콩, 납작콩, 옥수수를 넣는다. 센 불에서 다시 끓어오르면 체에 밭쳐 물을 따라낸다. 찬물에 식혀주고 흔들어 물기를 털어낸다. 샐러드볼에 고추, 실파와 함께 담는다. 쌀과 다른 재료에 붓고 고루 섞는다.

3. 절구에 고추와 설탕을 넣고 빻는다. 마늘과 생강을 넣고 같이 빻아준다. 작은 볼에 옮겨 담고 라임즙, 참기름, 피시소스를 넣어 휘젓는다. 쌀에 드레싱을 붓고 골고루 묻도록 뒤적인다.

4. 다른 볼에 루꼴라, 토마토, 통깨, 해바라기씨, 호박씨를 담고 섞는다. 섞은 견과류는 한 숟가락 떠서 샐러드 위에 얹는다. 라임 조각을 샐러드 위에 장식해 낸다.

과일과 견과류, 퀴노아 샐러드 fruit & nut quinoa salad

퀴노아는 남아메리카의 안데스 지역에서 수천 년 전부터 재배해오던 작물이다. 잉카의 인디언들은 단백질과 섬유소, 인을 많이 함유하고 있는 퀴노아를 가장 완벽한 식품이라고 믿었다. 구하기 어려우면 조, 수수, 율무 등을 이용해 만들어도 된다.

4~6인분	2컵(400g)	퀴노아, 씻어둔다.
15분	1½컵(270g)	말린 살구, 채썬다.
15분	1/3컵(50g)	아몬드, 굵게 다진다.
	1/3컵(50g)	피스타치오
	1/2컵(45g)	건포도
1	1개	큰 홍고추, 씨를 빼고 곱게 다진다.
	2큰술	곱게 다진 민트
	2큰술	곱게 다진 고수잎

1개	유기농 레몬, 껍질은 곱게 갈고 즙을 짠다.
2큰술	엑스트라버진 올리브오일
1작은술	유기농 오렌지의 곱게 간 껍질
1/2작은술	계피가루
	소금과 통후추 간 것

1. 중간 크기 냄비에 퀴노아와 2배 분량의 물을 담아 끓인다. 물이 끓으면 불을 줄이고 뚜껑을 덮어 물이 모두 스며들도록 15분가량 익힌다. 포크를 이용해 뭉치지 않게 잘 섞어 중간 크기의 볼에 옮겨 담는다.

2. 살구, 아몬드, 피스타치오, 건포도, 고추, 민트, 고수잎, 레몬 껍질과 즙, 올리브오일, 계피가루를 넣는다. 고루 섞고 소금과 후추로 간을 맞춘 후 낸다.

이 요리가 좋다면 다음의 요리도 추천!

그린파파야샐러드

112

세 가지 색의 라이스샐러드

116

타이식 쇠고기샐러드

124

닭고기, 자몽과 고수 샐러드

chicken, grapefruit & cilantro salad

이 샐러드는 더운 여름날 맛있는 점심이나 간식으로 만들어 먹기에 적당하다.

🍽	4~6인분
🥘	20~25분
🌡	60~120분
🍳	2분
🔥	2

양념

3큰술	저염간장
1큰술	꿀
1개	작은 홍고추, 곱게 채썬다.
1큰술	강판에 곱게 간 생강
1쪽	마늘, 얇게 채썬다.
2조각	뼈를 제거하고 껍질을 벗긴 닭가슴살, 1.5cm 두께로 썬다.

드레싱

1개	자몽
1개	라임, 즙을 짠다.
1개	귤, 즙을 짠다.
1큰술	참기름
1큰술	타이 피시소스
1쪽	마늘, 으깬다.
1cm 생강	강판에 곱게 간다.

샐러드

1큰술	해바라기씨유
1컵(50g)	루꼴라
1개	작은 양파, 원형으로 얇게 썬다.
1줌	고수잎, 잎을 찢어둔다.
1줌	민트, 잎을 찢어둔다.
2큰술	잣, 살짝 굽는다.

1. 큰 볼에 간장, 꿀, 고추, 생강, 마늘을 넣고 젓는다. 닭고기를 넣고 위를 덮어 냉장고에서 1~2시간 재운다.

2. 샐러드를 담아내기 직전에 드레싱을 만든다. 자몽은 껍질을 칼로 벗기고 속껍질과 1cm 두께의 속을 함께 돌려 깎는다. 속껍질과 함께 잘려진 알갱이를 쥐어짜 얻은 즙을 작은 볼에 담아둔다. 자몽속은 단면이 원이 되도록 잘라 샐러드에 넣을 수 있게 놔둔다.

3. 자몽즙에 라임즙과 귤즙, 참기름, 피시소스, 마늘, 생강을 넣고 저어 섞는다.

4. 큼직한 팬에 해바라기씨유를 두르고 양념에서 건져낸 닭고기가 살짝 갈색이 돌도록 3~5분간 볶는다.

5. 루꼴라를 4~6개의 샐러드 접시에 나누어 담는다. 닭고기를 접시에 담고 그 위에 양파, 고수잎, 자몽, 민트를 놓는다. 잣을 위에 얹고 드레싱을 뿌려 바로 낸다.

케이준치킨샐러드 cajun chicken salad

케이준은 아카디아, 뉴 브룬스윅, 노바 스코티아(지금은 캐나다 땅이 됨) 지역에서 불어를 구사하며 거주하던 주민들의 후손으로 1755년 영국에 의해 쫓겨나 루이지애나로 이주한 사람들을 일컫는다. 그들은 오늘날까지도 자신들만의 독특한 문화와 요리법을 고수하고 있다.

◎ 4인분
⬤ 30분
🌡 60분
⏱ 10분

🍽 1

향신료믹스		
1/4컵(60ml)	식물성기름	
2큰술	매운 파프리카가루	
2작은술	소금	
2작은술	레몬후추*	
1 1/2작은술	양파가루	
1 1/2작은술	카이엔페퍼	
1 1/2작은술	마조람잎	
1작은술	큐민가루	
1작은술	고수씨 가루	
1작은술	마늘가루	
1작은술	오레가노가루	

샐러드	
2쪽	뼈를 제거하고 껍질을 벗긴 닭가슴살
3큰술	엑스트라버진 올리브오일
2큰술	새로 짠 레몬즙
1/2작은술	디종 머스타드**
	소금과 통후추 간 것
3컵(150g)	샐러드용 채소
1컵(50g)	깍지완두*** 순
20개	방울토마토, 2등분한다.
1개	아보카도, 반으로 갈라 씨를 뺀다.
1개	작은 빨간양파, 채썬다.
1/2컵(80g)	아몬드, 살짝 구워 굵게 다진다.

1. 중간 크기의 볼에 식물성기름와 향신료, 허브를 넣고 섞는다.

2. 닭가슴살의 가장 두꺼운 부분에 칼집을 넣어 벌려 고르게 익기 좋도록 두께를 일정하게 만들어준다. 닭가슴살에 향신료 믹스를 발라 랩으로 감싼 다음 냉장고에 1시간 재워둔다.

3. 중간 불에서 그릴팬을 미리 달구어 둔다. 닭고기를 그릴에 얹어 겉은 갈색이 돌고 속까지 잘 익도록 한 면당 3~4분간 구워준다. 육즙이 고루 스며들도록 5분간 놓아둔다.

4. 작은 볼에 올리브오일, 레몬즙, 겨자를 넣고 섞는다. 소금과 후추로 간한다.

5. 중간 크기의 볼에 샐러드 채소, 깍지완두 순, 방울토마토, 아보카도, 양파, 아몬드를 넣고 섞는다.

6. 닭가슴살은 길쭉하게 썰어 샐러드에 썬다. 드레싱을 뿌리고 뒤섞어 낸다.

---

* 레몬후추(lemon pepper) : 레몬 껍질 간 것에 통후추 간 것을 섞어 둔 것으로 레몬의 향이 통후추에 배어 있다.
** 디종 머스타드(dijon mustard) : 프랑스 디종 지방에서 유래한 겨자로 겨자씨에 화이트와인, 포도주스, 여러 향신료를 넣어 발효시켜 만든다.
*** 깍지완두(snow pea) : 껍질 부분을 통째로 먹는 완두로 콩은 크게 자라지 않아 납작하고 껍질이 연해 찌거나 볶아서 먹는다. 조리하기 전에 테두리의 질긴 섬유는 제거해준다.

타이식 쇠고기샐러드 thai beef salad

이 샐러드는 저탄수화물식을 하는 사람들에게 안성맞춤이다.

4인분	3큰술	신선한 라임즙	20개	방울토마토, 2등분한다.
20분	2큰술	타이 피시소스	2개	큰 홍고추, 씨를 빼고
120분	1큰술	야자설탕 또는 갈색설탕		얇게 채썬다.
5~10분	2작은술	타이 레드커리페이스트	1/3컵(15g)	민트잎
	2쪽	마늘, 곱게 다진다.	1/3컵(15g)	고수잎
1	2큰술+2작은술	땅콩기름	1/3컵(15g)	바질잎
	500g	쇠고기 우둔살, 안심 또는	1½컵(75g)	숙주
		등심	1/4컵(40g)	볶은땅콩, 굵게 다진다.
	3컵(150g)	컬리엔다이브*		
	1개	오이, 세로로 얇게 썬다.		

1. 중간 크기의 볼에 라임즙, 피시소스, 야자설탕, 커리페이스트, 마늘, 2작은술의 땅콩기름을 넣어 섞는다. 쇠고기에 드레싱을 덜어 넣고 양념이 고루 묻도록 섞는다. 랩으로 덮어 냉장고에 2시간 재워둔다.

2. 바닥이 두꺼운 튀김 팬을 센 불에서 달군다.

3. 솔을 이용해 남은 땅콩기름으로 팬 바닥에 바른다. 양념한 고기를 건져내 겉은 갈색이 고루 나고 속은 덜 익도록 한쪽당 2~3분간 굽는다. 육즙이 고루 퍼지도록 5분간 놓아둔다.

4. 큰 볼에 컬리엔다이브, 오이, 토마토, 고추, 민트, 고수, 바질을 넣고 섞는다. 쇠고기는 결의 직각 방향으로 얄팍하게 썰어 샐러드에 넣는다. 드레싱을 뿌려 섞는다. 접시에 담고 숙주와 땅콩으로 장식해 낸다.

* 컬리엔다이브(curly endive) : 치커리를 부르는 다른 이름이다.

이 요리가 좋다면 다음의 요리도 추천!

이국적인 **쇠고기샐러드**

126

스파이시 **쇠고기사테이**

206

이국적인 쇠고기샐러드 exotic beef salad

이 스파이시한 샐러드는 맵긴 하지만 영양가가 풍부하다. 여러 가지 샐러드 채소와 곁들여
담백하고 단백질 풍부한 점심식사로 즐겨보자.

4~6인분		
25분		
2~4분		

2

쇠고기

400g	쇠고기 등심
2작은술	참기름
1큰술	굵게 간 통후추
1큰술	야자설탕 또는 갈색설탕
1큰술	타이 피시소스

드레싱

1개	라임, 껍질을 곱게 갈고 즙을 짠다.
1큰술	식물성기름
2큰술	타이 피시소스 또는 간장
1큰술	야자설탕 또는 갈색설탕
1개	홍고추, 얇게 채썬다.

샐러드

3컵(150g)	숙주나물
2개	큰 홍고추, 씨를 빼고 가늘게 채썬다.
20g	생강, 껍질 벗겨 가늘게 채썬다.
1개	작은 당근, 가늘게 채썬다.
2개	샬롯, 얇게 채썬다.
1/2컵(25g)	민트
1컵(50g)	루꼴라
2큰술	볶은땅콩, 다진다.

1. 등심은 얇고 길쭉하게 썬다. 기름을 뿌리고 갈아
   놓은 통후추를 찍어 묻힌다.

2. 볼에 야자설탕과 피시소스를 섞는다.

3. 그릴팬이나 그리들을 센 불에 올려 아주 뜨겁게
   달군다. 쇠고기를 얹고 연기가 날 때까지 1~2분씩
   지진다. 뒤집어 1분간 익힌다.

4. 쇠고기를 만들어 둔 양념에 넣고 뒤섞어준 후 차
   게 식힌다.

5. 작은 볼에 라임 껍질, 라임즙, 식물성기름, 피시소
   스, 설탕, 고추를 넣고 휘젓는다.

6. 볼에 숙주나물, 고추, 생강, 당근, 샬롯, 민트, 루
   꼴라를 넣는다. 드레싱을 뿌리고 뒤섞는다. 쇠고기
   를 위에 얹어 한번 더 섞어준다. 땅콩을 얹어 낸다.

해산물
Seafood

스페인식 홍합요리 spanish style mussels

홍합은 깨끗하게 손질되어 바로 요리할 수 있는 것으로 구입한다. 진흙이나 모래가 묻어 있으면
찬물에 1~2시간 담가둔다.

4~6인분	2큰술	엑스트라버진 올리브오일	3/4컵(180ml)	달지 않은 화이트와인
15분	1개	작은 양파, 굵게 다진다.	2컵(400g)	토마토 통조림, 즙도 이용한다.
10~15분	1개	매운 초리조 소시지, 원형으로	4큰술	곱게 다진 파슬리
		얇게 썬다.		소금과 통후추 간 것
	3개	큰 홍고추, 씨를 빼고 곱게 다진다.		장식용 레몬 조각
	2쪽	마늘, 곱게 다진다.		
1	2작은술	훈제파프리카가루		
	1.5Kg	홍합, 껍데기째 깨끗하게 손질한다.		

1. 바닥이 두꺼운 큼직한 냄비에 기름을 두르고 중불에서 달군다. 양파, 초리조, 고추, 마늘, 파프리카를 넣고 양파가 부드럽고 초리조가 약간 갈색이 될 때까지 5분 정도 볶는다.

2. 홍합을 넣고 뒤섞는다. 불을 더 세게 하고 포도주와 토마토를 넣는다. 끓기 시작하면 뚜껑을 덮고 약한 불에서 홍합이 벌어질 때까지 5~10분간 끓인다. 벌어지지 않은 홍합은 버린다.

3. 파슬리를 넣고 저은 후 소금과 후추로 간을 한다. 레몬 조각으로 장식해 뜨거울 때 낸다.

이 요리가 좋다면 다음의 요리도 추천!

매콤한 홍합구이

40

커리향의 가리비

42

스파이시 해산물빠에야

138

칠리크랩 chile crab

게는 대개 살아 있는 채로 팔거나 익혀서 또는 얼려서 판매한다. 이 요리에서는 살아 있는 게가 사용된다. 움직이지 않는 게는 사지 말라. 살아 있는 게를 만지는 게 익숙하지 않다면 다소 징그럽게 느껴질 수 있지만 생각만큼 손질하기가 어렵지는 않다.

4~6인분	1.5Kg	블루크랩 또는 브라운크랩*, 솔로 문질러 닦는다.	1/3작은술 고수씨 가루
30분	3큰술	땅콩기름	1/2작은술 큐민가루
15분	1개	중간 크기의 양파, 얇게 채썬다.	1/3작은술 강황가루
	3쪽	마늘, 곱게 다진다.	약간 소금
	2작은술	강판에 곱게 간 생강	3큰술 물
3	2개	매운 고추 작은 것, 씨를 빼고 곱게 다진다.	2큰술 저염간장
	1큰술	갈아놓은 야자설탕 또는 갈색설탕	1큰술 신선한 라임즙
	1/2큰술	통후추 간 것	2큰술 곱게 다진 고수잎

1. 게를 뒤집어 뚜껑을 제거하고 내장과 아가미를 떼어낸다. 게의 다리와 앞발이 떨어져나가지 않게 주의하며 몸통을 십자로 잘라 4등분한다. 단단한 앞발은 밀대로 두드려 부셔주고 나머지 껍데기는 깨끗이 씻어 키친타월로 두드려 닦는다.

2. 큼직하고 우묵한 팬을 뜨겁게 달군다. 양파, 마늘을 팬에 넣고 부드러워질 때까지 3~4분간 볶는다. 생강, 고추, 야자설탕, 후추, 고수, 큐민, 강황, 소금을 넣고 향이 살아나도록 1분간 볶는다.

3. 게를 넣고 색이 변하기 전까지 3~4분간 볶는다. 물, 간장, 라임즙을 넣고 뚜껑을 덮어 게가 완전히 빨갛게 변하고 살이 불투명해질 때까지 3~5분간 약한 불에서 끓인다. 고수잎을 넣고 섞는다.

4. 레몬을 넣은 손 씻을 물과 함께 뜨거울 때 낸다.

> * 블루크랩(blue crab), 브라운크랩(brown crab) : 등껍데기에 푸른색이나 갈색 빛이 도는 게로 단단한 껍질을 가지고 있다. 꽃게로 대체 가능하다.

이 요리가 좋다면 다음의 요리도 추천!

파프리카새우튀김

76

소금과 후추로 간한 오징어튀김

134

하리사새우

136

소금과 후추로 간한 오징어튀김 salt & pepper squid

오징어는 셀레늄의 훌륭한 급원식품으로 인, 리보플라빈, 비타민 B12도 많이 들어 있다. 오징어는 뜨거운 기름에서 재빨리 튀겨내야 뻣뻣하거나 질겨지지 않는다. 사천후추는 우리나라에서 산초라 부르는 식재료로, 추어탕이나 보신탕에 넣어 냄새를 잡는 데 이용한다.

4인분	**오징어**		**아이올리**	
30분	6마리	15~20cm 정도의 중간 크기 오징어	3쪽	마늘, 아주 잘게 다진다.
30분	2큰술	신선한 레몬즙	1개	왕란의 노른자
10분	2큰술	사천후추	1큰술	신선한 레몬즙
	2큰술	천일염	1/2작은술	디종 머스타드
2	1작은술	고수씨	3/4컵(180g)	엑스트라버진 올리브오일
	4컵(1L)	튀김용 식물성기름		소금과 통후추 간 것
	3/4컵(125g)	쌀가루		
	1/4컵(30g)	옥수수전분		

1. 오징어 머리의 끝을 잡고 다리를 잡아당겨 내장을 뽑아낸다. 껍질을 손으로 잡고 위쪽으로 당겨 벗겨낸다. 몸통은 칼을 이용해 반으로 갈라서 펴고 남아 있는 내장과 연골을 제거한다. 찬물에 오징어를 씻고 키친타월로 물기를 제거한다. 오징어의 겉면에 격자모양으로 칼집을 넣는다. 5cm 길이로 오징어를 잘라 중간 크기의 볼에 담는다. 레몬즙을 넣고 뒤적여 냉장고에 30분 동안 넣어 둔다.

2. 중간 크기의 볼에 마늘, 달걀 노른자, 레몬즙, 겨자를 넣고 섞어 아이올리를 만든다. 올리브오일을 조금씩 부어가며 계속 저어 되직하고 부드러운 상태가 되도록 한다. 후추로 간하고 사용할 때까지 냉장보관한다.

3. 작은 팬에 통후추, 소금, 고수씨를 넣고 중간 불에서 향이 살아나도록 30초간 볶는다. 절구나 스파이스그라인더를 이용해 고운 가루가 될 때까지 간다.

4. 깊은 튀김용 팬에 기름을 붓고 중불에서 190도로 데운다. 튀김용 온도계가 없으면 빵을 뜨거운 기름에 넣어 기름의 온도를 확인한다. 빵을 넣는 즉시 거품을 내며 표면으로 떠오르고 황금색으로 변하면 적당한 온도가 된 것이다.

5. 오징어는 체에 밭쳐 물기를 제거하고 키친타월로 두드려 닦는다.

6. 중간 크기의 볼에 밀가루와 향신료를 섞어 제를 친다. 한 번 튀겨낼 분량의 오징어를 향신료 섞은 밀가루에 넣어 튀김옷을 고루 입힌다. 오징어는 노르스름한 색으로 변할 때까지 2~3분간 튀긴다. 튀겨낸 오징어는 키친타월에 올려둔다. 남은 오징어도 같은 방법으로 튀긴다.

7. 갓 튀겨낸 오징어는 따뜻할 때 아이올리와 같이 낸다.

하리사새우 harissa shrimp

열량이 낮고 포화지방이 적은 새우는 단백질과 셀레늄의 훌륭한 급원식품이다. 또한 비타민 B12, 비타민D,
오메가3 지방산도 꽤 많이 들어 있다.

4인분	1½컵(325ml)	채소육수(96쪽)
30분	1½컵(225g)	쿠스쿠스
5분	1큰술	엑스트라버진 올리브오일
5~6분	1개	중간 크기의 양파
	4~6큰술	하리사페이스트(30쪽)
1	1Kg	새우, 내장을 제거하고 꼬리를 제외한 나머지 껍질을 벗긴다.

2개	중간 크기의 토마토, 잘게 썬다.
1/2컵(125g)	플레인요거트
3큰술	곱게 다진 고수

1. 작은 냄비에 채소육수를 넣고 중불에서 끓인다. 쿠스쿠스를 넣고 불을 끈 후 뚜껑을 덮어둔다. 육수가 완전히 스며들도록 5분간 둔다. 덩어리가 지지 않도록 포크로 저어준다.

2. 오목한 큰 팬을 중불에 올려 달군다. 기름에 양파를 넣고 부드러워질 때까지 2분간 볶는다. 하리사 페이스트, 새우, 토마토를 넣고 새우가 색이 변해서 완전히 익을 때까지 3~4분간 볶는다. 4개의 접시에 쿠스쿠스를 담고 위에 하리사새우를 얹는다. 요거트와 고수를 얹어 장식하고 뜨거울 때 낸다.

이 요리가 좋다면 다음의 요리도 추천!

파프리카새우튀김

76

아콘호박, 코코넛과 새우를 넣은 수프

92

마살라새우

140

스파이시 해산물빠에야 spicy seafood paella

빠에야는 쌀을 이용한 스페인 동부 발렌시아 지역의 전통요리다. 조금 매콤한 빠에야를 만들어 보자.

🍲 6~8인분	3큰술	엑스트라버진 올리브오일
⏲ 30분	1개	큰 양파, 곱게 다진다.
🌡 10분	2쪽	마늘, 곱게 다진다.
🔥 15분	1개	빨간피망, 씨를 빼고 채썬다.
	5개	중간 크기의 토마토, 주사위모양으로 썬다.
🍴 2	2컵(400g)	스페인 빠에야 쌀 또는 알보리오 쌀
	3개	큰 홍고추, 씨를 빼고 얇게 채썬다.
	1작은술	샤프란, 3큰술의 뜨거운 물에 우린다.
	1큰술	단맛 나는 파프리카가루
	1/2컵(125ml)	달지 않은 화이트와인
	3¹/₂컵(875ml)	채소육수(96쪽), 데워서 준비한다.

350g	단단한 흰살생선, 도미, 대구, 넙치, 아귀 등을 2cm 크기의 주사위모양으로 자른다.
250g	새우, 껍질을 벗기고 내장을 제거한다.
250g	손질한 오징어, 4cm 크기로 자른다.
12개	홍합
1/2컵(75g)	얼린 완두콩
	소금과 통후추 간 것
2큰술	곱게 다진 파슬리, 장식용으로 준비한다.
	서빙용 레몬 조각

1. 빠에야 팬이나 아주 넓은 팬에 기름을 두르고 중 긴 불에서 달군다 양파와 마늘을 넣고 부드러워질 때까지 3~4분간 볶는다. 피망과 토마토를 넣고 부 드러워지도록 3~4분 더 볶는다.

2. 쌀, 고추, 샤프란 우려낸 물, 파프리카를 넣고 뒤 섞는다. 와인을 붓고 계속 저어가며 1분간 익힌다. 뜨거운 육수를 붓고 불을 줄여 쌀이 반 정도 익을 때까지 가끔씩 저어주며 15분간 끓인다.

3. 생선, 새우, 오징어, 홍합, 완두콩을 넣고 가끔씩 저어주며 생선과 새우의 색이 변하기 시작하고 홍 합이 벌어질 때까지 5분간 약한 불에서 끓인다. 소 금과 후추로 간한다.

4. 불을 끄고 뚜껑을 덮어 재료가 완전히 익을 때까 지 10분 동안 놓아둔다.

5. 벌어지시 않은 홍합은 골라 버리고 파슬리를 뿌 린다. 뜨거울 때 레몬 조각으로 장식해 낸다.

마살라새우 masala shrimp

마살라는 힌디어로 향신료를 뜻하는데 요리에서는 주로 여러 가지 다른 향신료를 섞어 놓은 것을 의미한다.

🍽 4인분		
🍵 20분		
🌡 60분		
🍯 15분		
🍴 1		

2작은술	고수씨	
1작은술	강황가루	
1작은술	큐민씨	
1작은술	레드파프리카후레이크	
1/4작은술	통후추	
1/2작은술	소금	
2큰술	신선한 레몬즙	
24개	큰 새우(타이거 새우), 꼬리를 제외한 나머지 껍질을 벗기고 내장을 제거한다.	

2큰술	기* 또는 식물성기름
1개	작은 양파, 곱게 다진다.
4쪽	마늘, 곱게 다진다.
1작은술	강판에 간 생강
1개	작은 고추, 씨를 빼고 곱게 다진다.
3개	토마토, 잘게 썬다.
2큰술	곱게 다진 고수잎
	바스마티 쌀로 지은 밥, 서빙용

1. 작은 팬을 중불에 올리고 고수씨, 강황, 큐민, 레드페퍼후레이크, 통후추를 넣고 향이 살아나도록 1~2분간 기름 없이 볶는다. 절구나 스파이스그라인더에 넣는다. 소금을 넣어 고운 가루가 되도록 갈아준다.

2. 큰 볼에 향신료믹스와 레몬즙을 섞는다. 새우를 넣어 향신료가 골고루 묻도록 섞어준다. 뚜껑을 덮어 1시간 동안 냉장보관한다.

3. 큰 팬에 정제한 기나 식물성기름을 두르고 중불에서 달군다. 양파, 마늘, 생강, 칠리를 넣고 부드러워지도록 3~4분간 볶는다. 토마토를 넣고 2~3분간 볶는다.

4. 새우와 고수잎을 넣고 뒤섞는다. 새우의 색이 변할 때까지 약한 불에서 4~5분간 익힌다. 뜨거울 때 밥과 함께 낸다.

> * 기(ghee) : 정제한 버터, 버터를 약한 불에서 녹여 위에 뜨는 지방만을 떠낸 것

이 요리가 좋다면 다음의 요리도 추천!

하리사새우
136

커리를 넣은 생선의 향연
144

스파이시 해산물빠에야
138

코코넛생선커리 coconut fish curry

스파이시한 생선커리는 바스마티 쌀로 막 지어낸 밥과 같이 먹으면 국물이 쌀알 속까지 배어들어 맛있다.
커리에 빠지지 않고 들어가는 강황은 항염증 효과가 탁월하고 암을 예방한다고 알려져 있다.

6인분	4개	말린 홍고추 작은 것, 바스러뜨린다.	2작은술	곱게 다진 생강

🍽 6인분	4개	말린 홍고추 작은 것, 바스러뜨린다.	2작은술	곱게 다진 생강
⏱ 20분	2작은술	큐민씨	2개	중간 크기의 토마토, 주사위모양으로 썬다.
🍳 20~25분	1큰술	고수씨		
	1작은술	강황가루	2큰술	타마린드퓨레
	1/4작은술	겨자씨	1컵(250ml)	물
	1/4작은술	페누그릭씨	1¹/₂컵(325ml)	코코넛밀크
🌶 1	1/4컵(30g)	당을 가미하지 않은 갈아 말린 코코넛	1큰술	신선한 라임즙
			8장	커리잎
	3큰술	식용유	1.5Kg	단단한 흰살생선, 도미, 대구, 넙치, 아귀 등을 5cm 크기로 자른다.
	1개	큰 양파, 얇게 채썬다.		
	4쪽	마늘, 곱게 다진다.		

1. 중간 크기의 팬에 고추, 큐민, 고수씨, 강황, 겨자, 페누그릭씨, 코코넛을 넣고 중간 불에서 향이 살아나도록 기름기 없이 1~2분간 볶는다. 절구나 스파이스그라인더에 옮겨 고운 페이스트 상태로 갈아준다.

2. 크고 우묵한 팬에 기름을 두르고 중간 불에서 양파, 마늘, 생강을 넣고 부드러워질 때까지 3~4분간 볶는다. 볶은 향신료, 토마토, 타마린드를 넣고 약한 불에서 2분간 끓인다. 물, 코코넛, 밀크, 라임즙, 커리잎을 넣고 섞는다. 양념이 고루 배이도록 10~15분간 약한 불에서 끓인다.

3. 생선을 넣고 생선살이 하얗게 익을 때까지 5~10분간 약한 불에서 끓인다. 뜨겁게 낸다.

이 요리가 좋다면 다음의 요리도 추천!

레드 핫 **생선수프**

102

해산물라크사

106

커리를 넣은 **생선의 향연**

144

커리를 넣은 생선의 향연 a curried fish feast

특별한 날에 어울리는 이 음식은 밥에 곁들여 먹어도 좋고 생일이나 기념일을 위한 잔치 음식으로도 좋다.

4~6인분	
30분	
25~30분	

1큰술	큐민씨	1²/₃컵(400ml)	코코넛밀크
1¹/₂작은술	고수씨	1/2컵(125ml)	물
1/2 작은술	휀넬씨	500g	단단한 흰살생선, 도미, 대구,
1작은술	무염버터		넙치, 아귀 등을
3큰술	식용유		2.5cm 크기로 자른다.
2개	큰 양파, 껍질을 벗겨	600g	큰 새우, 껍질을 벗기고
	곱게 다진다.		내장을 제거한다.
2쪽	큰 마늘, 껍질을 벗겨		소금
	두껍게 저민다.	1/2컵(25g)	굵게 다진 고수잎
4cm	생강, 껍질을 벗겨 강판에 간다.	2개	장식용 라임 조각
2개	홍고추, 곱게 다진다.		서빙용 바스마티 쌀
1¹/₂작은술	강황가루		
1¹/₂작은술	타말린드페이스트		
5장	말린 커리잎		

1. 우묵한 큰 팬에 큐민, 고수씨, 휀넬씨를 넣고 향이 살아나도록 1분간 기름 없이 볶는다. 절구에 옮겨 가루로 빻는다.

2. 같은 팬에 버터와 식물성기름을 중불에 올린다. 팬이 달구어지면 양파를 넣고 부드러워질 때까지 3~4분간 볶는다. 불을 줄이고 마늘을 넣고 양파가 황금색이 될 때까지 5~8분간 더 볶는다.

3. 생강과 고추를 넣고 1분간 볶는다. 빻아둔 향신료에 강황, 타마린드페이스트, 커리잎을 넣고 섞는다.

4. 코코넛밀크와 물을 붓고 끓인다. 끓어오르면 불을 줄이고 10분간 향이 우러나도록 한다.

5. 생선과 새우를 넣는다. 뚜껑을 덮고 약불에서 새우가 분홍색이 되고 생선이 익을 때까지 5분간 끓인다. 가끔 저어주되 생선살이 부서지지 않도록 조심한다.

6. 소금으로 간하고 고수잎을 넣고 저어준다. 뜨겁게 낸다.

피망을 넣은 생선커리 fish curry with bell pepper

피망과 토마토가 들어가 보기에 아주 먹음직스러운 커리다.

🍲 4~6인분	3큰술	기 또는 식물성기름
🥬 20분	1개	양파, 잘게 썬다.
🍳 20분	3쪽	마늘, 곱게 다진다.
	2작은술	강판에 곱게 간 생강
	2개	말린 홍고추 작은 것, 바스러뜨린다.
🍸 1	1작은술	검은 겨자씨
	1/4작은술	칠리파우더
	1개	빨간피망 큰 것, 씨를 빼고 주사위모양으로 썬다.
	3개	토마토, 주사위모양으로 썬다.
	1컵(250ml)	생선육수 또는 물

1컵(250ml)	코코넛밀크
600g	단단한 흰살생선, 도미, 대구, 넙치, 아귀 등을 2.5cm 크기로 자른다.
	소금과 통후추 간 것
	바스마티 쌀, 서빙용

1. 중간 크기의 냄비에 기 또는 식물성기름을 넣고 중간 불에서 달군다. 양파, 마늘, 생강, 고추를 넣고 부드러워지도록 3~4분간 볶는다. 강황, 겨자씨, 칠리파우더를 넣고 씨들이 톡톡 튀어 오르고 향이 살아날 때까지 1분간 볶는다.

2. 피망과 토마토를 넣어 뒤섞는다. 육수 **또는** 불과 코코넛밀크를 붓고 끓인다. 끓으면 아주 약한 불로 줄여 향이 우러나도록 10분간 졸인다.

3. 생선을 넣고 뚜껑을 덮어 익을 때까지 5분간 약한 불에서 끓인다. 가끔 저어주되 생선살이 부서지지 않도록 조심한다. 소금과 후추로 간하고 밥과 함께 뜨거울 때 낸다.

이 요리가 좋다면 다음의 요리도 추첸!

마살라새우

140

코코넛생선커리

142

커리를 넣은 생선의 향연

144

튜니지안 피시 핫팟 tunisian fish hotpot

이 맛있는 생선스튜를 갓 구워낸 사워도우브래드나 바삭한 롤빵과 함께 내보라.

🍲	4인분	500g	햇감자, 껍질째 굵직하게 자른다.	3큰술	신선한 레몬즙
🕐	30분	3개	중간 크기의 토마토, 껍질을 벗겨 4등분한다.	4컵(1L)	채소육수(96쪽)
🍳	25~30분	1/2작은술	단맛이 나는 훈제파프리카가루	2큰술	엑스트라버진 올리브오일
		1작은술+여분의	하리사페이스트(30쪽), 서빙용으로 준비한다.	500g	대구살, 큼직한 덩어리로 썬다.
				1/2컵(25g)	곱게 다진 파슬리
🍴	1	1/2작은술	큐민가루	2큰술	곱게 다진 민트
		2개	샬롯, 4등분한다.		소금과 통후추 간 것
		3쪽	마늘, 곱게 다진다.		
		2장	월계수잎		
		1작은술	로즈마리, 곱게 다진다.		

1. 큰 냄비에 감자, 토마토, 파프리카, 하리사페이스트, 큐민, 샬롯, 마늘, 월계수잎, 로즈마리, 레몬즙, 채소육수를 넣고 끓인다. 끓어오르면 불을 줄여 감자가 부드럽게 익을 때까지 15~20분간 약한 불에서 끓인다.

2. 올리브오일을 넣어 젓고 생선을 넣는다. 다시 끓어오르면 생선이 익을 때까지 6~8분 동안 약한 불에서 끓인다. 생선살은 조금 작은 덩어리로 부숴준다.

3. 파슬리와 민트를 넣어 젓고 소금과 후추로 간한다. 매운맛을 원하면 하리사페이스트를 더 넣는다. 뜨겁게 담아낸다.

이 요리가 좋다면 다음의 요리도 추천!

로스트한 토마토살사를 곁들인 **농어**

154

고수와 감자 샐러드를 곁들인 **하리사생선**

158

스파이시 **피시태진**

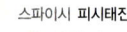

166

브로콜리를 곁들인 타이식 칠리생선

thai chile fish with broccoli

브로콜리와 스파이시한 생선은 건강에 좋은 식품들의 환상적인 조합이다. 변화를 주고 싶다면 브로콜리 대신
청경채나 채썬 사보이양배추*를 이용한다.

4인분	4개	라임, 즙을 짠다.	4조각	단단한 생선살, 대구, 도미,
20분	2큰술	타이 피시소스	(한 조각에 150g)	넙치 등의 껍질을 벗겨
10~15분	1작은술	설탕		사용한다.
	2개	작은 홍고추, 씨를 빼고 얇게	1/2작은술	저염간장
		채썬다.	1작은술	청주
	2개	풋고추, 씨를 빼고 곱게 다진다.	400g	브로콜리, 줄기 끝부분을
2	2대	레몬그라스, 찢어둔다.		자르고 굵은 것은 반으로
	1큰술	강판에 곱게 간 생강		가른다.
	1/4컵(60ml)	땅콩기름		

1. 작은 볼에 라임즙, 피시소스, 설탕, 고추, 레몬그라스, 생강을 넣어 섞는다.

2. 큰 팬에 기름을 두르고 중불에서 기름이 뜨겁게 지글거릴 정도로 달군다. 섞어둔 향신료를 넣는다. 생선을 넣고 쇠로 만든 뒤집개로 눌러 아랫면이 노릇하게 구워지도록 2~3분간 익힌다. 생선을 뒤집어 반대쪽도 노릇해질 때까지 1~2분간 익힌다.

3. 담아낼 접시에 생선을 옮기고 간장과 청주를 뿌려 따뜻한 오븐에 보관한다.

4. 팬에 다시 불을 켜고 남은 생선이 국물에 브로콜리와 1큰술의 물을 넣는다. 브로콜리가 살캉거리게 익을 정도로 2~4분간 볶는다.

5. 브로콜리가 따뜻할 때 생선과 함께 담아 남은 소스를 위에 뿌려 낸다.

> * 사보이양배추(savoy cabbage) : 일반 양배추보다 작고 잎이 뿌글뿌글한 양배추

이 요리가 좋다면 다음의 요리도 추천!

향기로운 밥을 곁들인 정종도미

152

로스트한 토마토살사를 곁들인 농어

154

청경채를 곁들인 연어스테이크

156

향기로운 밥을 곁들인 정종도미

sake snapper with fragrant rice

붉은도미는 살이 많고 맛있는 생선이다. 도미의 단단한 살은 요리하는 동안 잘 부서지지 않을 뿐 아니라 굽기에도 적당하다.

		도미		향기로운 밥	
○	4인분	4마리	붉은도미, 껍질을 벗긴다.	1¹/₂컵(250g)	재스민 쌀
○	20분	(마리당 150g)		2큰술	땅콩기름
○	30분	1개	큰 맵지 않은 홍고추, 씨를 빼고 얇게 채썬다.	1대	레몬그라스, 짓이긴다.
○	20~25분	2작은술	소금	1cm	생강, 껍질을 벗긴다.
		1큰술	강판에 곱게 간 생강	1개	중간 크기의 당근, 성냥개비 굵기로 썬다.
○	2	1개	유기농 레몬, 껍질은 곱게 갈고 즙을 짠다.	1개	작은 풋고추, 씨를 빼고 얇게 채썬다.
		1/4컵(60ml)	정종(청주)	1줌	바질잎
		2큰술	엑스트라버진 올리브오일 레몬 조각, 서빙용	1작은술	참기름
				2~3작은술	정종(청주)
				1개	홍고추, 씨를 빼고 얇게 썬다.
				1큰술	볶은참깨

1. 도마에 도미를 얹고 3개의 칼집을 어슷하게 넣는다. 칼집마다 고추 몇 조각을 넣고 야트막한 접시에 담아둔다.

2. 삭은 볼에 소금, 생강, 레몬 껍질, 레몬즙을 넣고 섞는다. 도미 위에 섞은 재료를 끼얹는다. 랩을 씌워 냉장고에서 30분 이상 재운다.

3. 쌀을 흐르는 물에 맑은 물이 나올 때까지 씻는다. 중간 크기의 냄비에 물을 붓고 소금을 약간 넣어 끓어오르면 쌀을 넣고 부드러워질 때까지 12~15분간 끓인다. 남은 물은 따라낸다.

4. 우묵한 팬에 기름을 두르고 중불에서 달구어 레몬그라스, 생강, 당근, 풋고추를 넣는다. 2분간 볶는다.

5. 쌀과 바질을 넣고 속까지 따뜻해지도록 2~3분간 볶는다. 쌀이 아주 끈적이면 물을 1큰술 더 넣는다.

6. 레몬그라스와 생강을 골라낸다. 참기름, 정종, 고추, 참깨를 뿌린다.

7. 생선에 정종을 뿌리고 살살 문질러준다.

8. 그릴이나 그릴팬 또는 철판을 아주 뜨겁게 달군다. 생선살에 올리브오일을 바르고 팬이나 그릴에 얹는다. 속까지 노릇하게 익도록 한쪽 면을 두께에 따라 각각 3~5분씩 익힌다.

9. 밥과 레몬 조각을 곁들여 따뜻할 때 낸다.

로스트한 토마토살사를 곁들인 농어

sea bass with roast tomato salsa

다듬어진 생선살 대신 비늘을 긁어 손질한 농어를 통째로 그릴에 구워 요리해도 된다. 다만 익는 데 시간이 좀 더 걸린다.
구운 빵을 넉넉히 준비해 따뜻할 때 같이 낸다.

6인분	**토마토살사**		3큰술	다진 고수잎
25분	1Kg	잘 익은 토마토		소금과 통후추 간 것
30분	4~6개	중간 크기의 홍고추	2개	라임, 즙을 짠다.
35~40분	1개	빨간피망, 씨를 제거하고		
		반으로 가른다.	**생선**	
2	5쪽	마늘, 껍질을 벗긴다.	6조각	껍질을 벗긴 농어나
	7큰술(100ml)	엑스트라버진 올리브오일	(조각당 150~200g)	감성돔의 살
	1/2작은술	굵은소금		라임 조각, 서빙용
	1개	빨간양파, 곱게 다진다.		

1. 오븐을 220도로 예열한다. 토마토, 고추와 반으로 갈라둔 피망의 껍질을 위로 향하게 하여 베이킹 팬이나 로스팅팬에 넣는다. 마늘을 토마토나 피망의 아래쪽에 넣어 반쪽이 열에 닿지 않도록 숨긴다. 채소들은 가까이 붙여서 놓아도 된다. 1큰술의 올리브오일과 소금을 뿌린다. 껍질이 약간 검게 타고 토마토의 껍질이 벌어질 때까지 20~25분간 로스팅한다. 로스팅 하는 동안 1~2번 뒤집어준다.

2. 오븐에서 꺼내어 식으면 고추의 꼭지를 따고 씨를 제거한다. 푸드프로세서에 옮겨 굵직한 알갱이가 보이도록 짧게 여러 번에 나누어 갈아준다. 볼에 넣고 포크로 으깨주어도 된다.

3. 양파와 고수잎을 볼에 섞는다. 소금과 후추를 넉넉히 넣어 간을 맞춘다. 남은 올리브오일과 라임즙을 넣고 저어둔다.

4. 생선살의 껍질 쪽으로 칼집을 두세 군데 넣는다. 생선을 얕은 볼에 넣고 살사의 절반 정도를 부어 생선을 덮는다. 남은 살사는 보관한다. 생선은 양념이 배이도록 30분간 냉장고에 재워둔다.

5. 가지고 있는 바비큐나 그릴팬, 철판의 크기에 따라 생선을 여러 번에 나누어 익힌다. 먼저 조리를 시작하기 전에 그릴의 망, 그릴팬, 철판에 약간의 기름을 바른다. 아주 뜨겁게 달군다. 생선을 건져내 껍질 쪽을 그릴에 닿도록 얹어 한 면당 3~4분씩 노릇하게 속까지 익도록 두께를 고려해서 익힌다.

6. 남은 살사와 라임 조각을 곁들여 뜨거울 때 낸다.

청경채를 곁들인 연어스테이크

salmon steaks with pak choy

청경채를 좋아하지 않는다면 시금치나 배추의 푸른 잎 등을 대신 이용해도 좋다.

4인분	4조각	연어, 스테이크용으로 준비한다.
20분	(조각당 150g)	
40분		천일염과 통후추 간 것
	1개	청경채
	3큰술	땅콩기름
2	1개	큰 양파, 얇게 채썬다.
	4cm	생강, 껍질 벗겨 얇게 저민다.
	3개	큰 토마토, 씨를 빼고 다진다.

1개	큰 홍고추, 씨를 빼고 얇게 썬다.
1작은술	설탕
200ml	코코넛밀크
200ml	물
	간장, 간을 맞추는 데 이용한다.
1개	라임, 즙을 짠다.
1/2컵(25g)	다진 고수잎
	서빙용 밥

1. 연어에 소금과 후추로 간을 한다. 청경채는 밑동을 잘라내 잎은 굵직하게 썰고 줄기는 잘게 자른다.

2. 깊숙한 팬에 기름을 두르고 중불에서 달군다. 양파, 생강, 청경채 줄기를 넣고 양파가 투명하고 노르스름해지도록 5~6분간 볶는다.

3. 토마토, 고추, 설탕을 넣고 가끔씩 저어가며 5분간 약한 불에서 끓인다. 소금으로 간하고 후추를 넉넉히 뿌린다. 다시 끓어오르면 불을 더 줄여 15분간 아주 약한 불에서 끓인다.

4. 청경채와 간장 몇 방울을 넣고 라임즙을 뿌린다. 연어를 소스 위에 한 겹으로 놓고 숟가락으로 소스를 더 뿌려준다. 뚜껑을 단단하게 덮거나 알루미늄 호일로 덮는다. 불을 키워 중불에서 생선이 완전히 익을 때까지 8~10분간 서서히 조린다.

5. 연어를 소스와 함께 떠내 담아낼 접시에 놓는다. 남은 소스를 위에 더 얹어주고 고수를 뿌린다. 밥과 함께 바로 낸다.

이 요리가 좋다면 다음의 요리도 추천!

브로콜리를 곁들인 **타이식 칠리생선**

150

벵갈식 **바다송어**

160

코코넛 밥을 곁들인 **삼발생선**

162

고수와 감자 샐러드를 곁들인 **하리사생선**

harissa fish with cilantro potato salad

감자샐러드는 미리 만들어 둬도 괜찮으며 먹기 한 시간 전에 냉장고에서 꺼내 두었다가 낸다.
생선은 먹기 직전에 구워내도록 한다.

6인분	**감자샐러드**		**생선**
20분	1Kg	햇감자, 껍질을 벗기고 큰 감자는 2등분한다.	2큰술	하리사페이스트(30쪽)
15~20분	약간	소금	3큰술	엑스트라버진 올리브오일
	4쪽	마늘, 곱게 다진다.	6조각	단단한 생선살, 대구, 붉은도미,
	1컵(250ml)	플레인요거트	(조각당 150g)	넙치 등의 껍질을 벗겨
1	1큰술	크렘 프레시 또는 생크림		준비한다.
	1½작은술	고수씨 가루		
	2큰술	곱게 다진 민트		
	2줄기	민트		
		소금과 통후추 간 것		

1. 냄비에 감자를 넣고 잠길 정도로 찬물을 붓는다. 2줄기 민트와 약간의 소금을 넣는다. 감자가 부드러워질 때까지 10~15분간 끓인다. 물을 따라낸다.

2. 볼에 마늘, 요거트, 크렘 프레시, 고수씨, 다진 민트를 섞는다. 감자가 아직 뜨거울 때 넣고 고루 뒤섞는다. 소금과 후추로 간한다. 생선이 준비될 때까지 놓아두거나 차게 보관한다.

3. 하리사페이스트에 올리브오일 1큰술을 섞어 묽게 만들어 생선살에 발라준다.

4. 큰 팬에 남은 올리브오일을 넣고 중불에서 달군다. 생선이 속까지 익도록 한쪽을 2~3분씩 튀겨준다. 생선이 다 익었는지는 작은 칼을 이용해 살을 벌려 속까지 부드럽고 불투명하게 익었는가로 확인한다.

5. 담아낼 접시에 감자샐러드를 담고 위에 생선을 올려놓는다. 뜨겁거나 따뜻할 때 낸다.

이 요리가 좋다면 다음의 요리도 추천!

튀니지안 피시 **핫팟**
148

향기로운 밥을 곁들인 **정종도미**
152

벵갈식 **바다송어**
160

벵갈식 바다송어 bengali style ocean trout

바다송어는 무지개송어의 일종으로 생후 3년이 지나면 바다로 돌아간다.
바다송어를 구하기 힘들면 연어를 이용해 만들어도 된다.

4인분	3큰술	기 또는 식물성기름	1/4작은술	신선한 통후추 간 것	
15분	1개	양파, 곱게 다진다.	4컵(800g)	주사위모양으로 썬	
15분	4쪽	마늘, 곱게 다진다.		토마토 통조림, 즙도 이용한다.	
	2작은술	강판에 곱게 간 생강	2큰술+장식용	곱게 다진 고수잎	
	2개	작은 풋고추, 씨를 빼고	1/3컵(90ml)	물	
		곱게 다진다.	3큰술	신선한 레몬즙	
1	10장	커리잎	4조각	바다송어 또는 연어	
	1작은술	검은 겨자씨	(한 조각에 180g)		
	1작은술	고수씨 가루		바스마티 쌀로 지은 밥, 서빙용	
	1/2작은술	강황가루			
	1/2작은술	소금			
	1/4작은술	페누그릭씨, 바스러뜨린다.			

1. 우묵하고 큰 팬에 기름을 두르고 중불에서 달군다. 양파, 마늘, 생강, 칠리를 넣고 부드러워질 때까지 3~4분간 볶는다. 커리잎, 겨자씨, 고수씨, 강황, 소금, 페누그릭씨, 후추를 넣고 겨자씨가 통통 튀어 오르고 양념료의 향이 살아날 때까지 1~2분간 볶는다.

2. 토마토와 고수잎을 넣고 섞는다. 물과 레몬즙을 붓고 끓인다. 생선을 넣고 소스를 끼얹어가며 적당히 익을 때까지 10분간 약한 불에서 익힌다.

3. 밥과 함께 뜨거울 때 접시에 담아 고수잎으로 장식해 낸다.

이 요리가 좋다면 다음의 요리도 추천!

브로콜리를 곁들인 타이식 **칠리생선**

150

청경채를 곁들인 **연어스테이크**

156

매콤한 라임피클을 곁들인 **블루아이코코넛구이**

164

코코넛 밥을 곁들인 삼발생선 sambal fish with coconut rice

이 매콤한 맛의 생선꾸러미는 상에 낼 때까지 잘 싸두어 손님들이 꾸러미를 열면서 그 맛있는 향에 흠뻑 취하도록 만들자.

4인분	**삼발생선**	4조각(200g)	블루아이** 또는 단단한 흰살생선
20분	3개	샬롯, 곱게 다진다.	2대	실파, 곱게 채썰어 장식용으로
70분	2큰술	신선한 라임즙		준비한다.

삼발생선

3개 샬롯, 곱게 다진다.
2큰술 신선한 라임즙
1¹/₂큰술 삼발오렉
2작은술 참기름
2쪽 마늘, 곱게 다진다.
2작은술 강판에 간 신선한 생강
1대 레몬그라스, 흰 부분만 잘게 다진다.
1/2큰술 굵게 간 재거리* 또는 갈색설탕

4조각(200g) 블루아이** 또는 단단한 흰살생선
2대 실파, 곱게 채썰어 장식용으로 준비한다.

코코넛 밥

2컵(400g) 재스민 쌀
2컵(500ml) 물
1컵(250ml) 코코넛크림

1. 중간 크기의 볼에 샬롯, 라임즙, 삼발오렉, 참기름, 마늘, 생강, 레몬그라스, 설탕을 넣고 섞는다. 생선을 넣고 고루 묻도록 섞는다. 뚜껑을 덮어 1시간 동안 냉장고에 재워둔다.

2. 오븐을 200도로 예열한다.

3. 쌀을 흐르는 찬물에 맑은 물이 나올 때까지 씻는다. 씻은 쌀과 물, 코코넛크림을 중간 크기의 냄비에 넣고 끓인다. 끓기 시작하면 불을 줄이고 뚜껑을 덮어 10분간 약한 불에서 끓인다. 불을 끄고 뚜껑을 덮은 채 10분간 뜸을 들인다.

4. 준비한 생선을 각각 4장의 유산지에 싼다. 베이킹팬에 놓아 살이 쉽게 부서질 정도로 15~20분간 굽는다.

5. 실파로 장식해 뜨거울 때 코코넛 밥과 함께 낸다.

---

* 재거리(jaggery) : 정제하지 않은 사탕수수 추출액 덩어리로 당밀이 분리되지 않았다.

** 블루아이(blue eye) : 남극해에서 서식하는 대구과의 푸른 눈을 가진 흰살생선

이 요리가 좋다면 다음의 요리도 추천!

로스트한 토마토살사를 곁들인 **농어**

154

매콤한 라임피클을 곁들인 **블루아이코코넛구이**

164

타이식 칠리카라멜소스를 곁들인 **생선**

168

매콤한 라임피클을 곁들인 블루아이코코넛구이

coconut baked blue eye with hot lime pickle

라임피클이 제맛이 들려면 16일이 걸린다. 국내에서는 구입이 어렵고 시고 매운맛이 우리 입맛에는 맞지 않으므로 할라피뇨피클을 대신 이용하기를 권한다.

◎ 4인분	
◉ 30분	
◉ 16일	
◉ 15~20분	
◉ 3	

라임피클

7개	라임
1/2컵(100g)	소금
1큰술	겨자가루
1큰술	페누그릭씨 가루
1/3컵(50g)	칠리파우더
1/2큰술	강황가루
1/2컵(125ml)	겨자씨유
1/2큰술	바스러뜨린 노란 겨자씨

블루아이코코넛구이

4조각(200g)	블루아이 또는 그 외 단단한 흰살생선
1컵(250ml)	코코넛밀크
2큰술	신선한 라임즙
1/2큰술	굵게 간 재거리 또는 갈색설탕
2작은술	강판에 곱게 간 생강
2개	작은 홍고추, 씨를 빼고 얇게 썬다.
2장	카피르라임잎, 얇게 채썬다. 바스마티 쌀로 지은 밥, 서빙용

1. 라임은 씻어 반으로 갈라 씨를 모두 빼둔다. 라임 조각은 다시 4등분해 소독해둔 큼직한 유리병에 넣는다. 소금을 넣고 섞는다. 뚜껑을 덮어 따뜻한 곳에 라임이 부드럽고 누르스름해질 때까지 일주일 동안 보관한다.

2. 겨자씨, 페누그릭, 칠리파우더, 강황을 섞는다. 섞은 향신료를 라임에 넣고 뒤섞는다. 뚜껑을 덮어 2일 더 보관한다.

3. 작은 팬에 겨자씨유를 넣고 센 불에서 연기가 날 정도로 달군다. 불을 끄고 겨자씨를 넣어 재빨리 볶는다. 라임에 뜨거운 겨자씨유를 붓고 잘 섞는다. 뚜껑을 덮어 따뜻한 곳에 1주 더 놓아둔다. 필요할 때 꺼내어 이용한다.

4. 오븐을 200도로 예열한다.

5. 큰 볼에 코코넛밀크, 라임즙, 설탕, 생강을 넣고 섞는다. 생선을 넣고 양념이 고루 묻도록 섞는다. 뚜껑을 덮어 냉장고에 1시간 재워두고 가끔 뒤섞어준다.

6. 생선을 각각 4장의 유산지에 올려놓는다. 양념을 위에 끼얹고 고추와 라임잎을 뿌린다. 유산지를 접어 증기가 빠져나가지 않게 봉하고 베이킹팬에 올려놓는다. 생선살이 쉽게 부서질 때까지 15~20분간 굽는다.

7. 쌀과 라임피클을 곁들여 생선이 뜨거울 때 낸다.

스파이시 피시태진 spicy fish tagine

북아프리카의 음식이자 그릇의 명칭이기도 한 이 음식은 가능하면 전통적인 태진에 담아내도록 한다.

			체르물라*			생선	
4인분			3쪽	마늘, 다진다.		4조각(180g)	두꺼운 황새치스테이크
20분			2개	작은 홍고추, 씨를 빼고 다진다.		1개	큰 당근, 1cm 두께의 원형으로 자른다.
4~12시간			1/4컵(15g)	잘게 다진 고수잎			
25~30분			1/4컵(15g)	잘게 다진 파슬리		1개	빨간피망, 씨를 빼고 원통 모양으로 채썬다.
			1/4컵(60ml)	엑스트라버진 올리브오일			
1			1/4컵(60ml)	신선한 레몬즙		1개	피망, 씨를 빼고 원통 모양으로 채썬다.
			2작은술	파프리카가루			
			2작은술	큐민가루		2개	토마토, 두꺼운 원형으로 썬다.
			1작은술	고수씨 가루		1/3컵(90ml)	물
			1/2작은술	카이엔페퍼			
			1/2작은술	소금			
			1/2작은술	신선한 통후추 간 것			

1. 푸드프로세서에 마늘, 고추, 고수잎, 파슬리를 넣고 페이스트가 되도록 갈아준다. 올리브오일, 레몬즙, 파프리카, 큐민, 고수씨, 카이엔페퍼, 소금, 후추를 넣고 다시 간다.

2. 큰 볼에 생선과 체르물라를 넣고 고루 묻도록 섞는다. 뚜껑을 덮어 냉장고에 4시간 이상 또는 밤새도록 재워둔다.

3. 중간 크기의 태진이나 두꺼운 냄비의 바닥에 당근을 깐다. 양파를 1겹 깔고 재워둔 생선을 얹는다. 생선 위에 피망과 토마토를 얹는다. 물과 남은 양념을 붓는다. 뚜껑을 덮어 중불에서 생선이 익을 때까지 25~30분간 익힌다. 뜨거울 때 낸다.

* 체르물라(chermoula) : 북아프리카에서 사용하는 양념으로 생선요리에 주로 이용되며 고기나 채소에도 사용한다.

타이식 칠리카라멜소스를 곁들인 생선

fish with thai-style chile caramel sauce

달콤한 타이 소스를 얹은 이 요리는 매우 특이하지만 아주 맛있다.

		소스		생선	
◉	4인분	1/2컵(125ml)+2큰술	물	4조각(250g)	단단한 흰살생선
◓	20분	1½큰술	타마린드페이스트	3큰술	참기름
◉	30분	1조각(2.5cm)	생강, 껍질을 벗겨 얇게 저민다.		소금과 통후추 간 것
		1대	레몬그라스, 흰 부분만 곱게 다진다.	2대	실파, 장식용으로 어슷하게 채썰어 준비한다.
◉	2	2컵(300g)	거칠게 간 재거리 또는 갈색설탕	2개	샬롯
		2개	작은 홍고추, 씨를 빼고 얇게 채썬다.		재스민 쌀로 지은 밥, 서빙용
		1/3컵(90ml)	타이 피시소스		
		3큰술	신선한 라임즙		

1. 작은 냄비에 1/2컵(125ml)의 물, 타마린드, 생강, 마늘, 레몬그라스를 넣고 섞어 약한 불에서 15분간 끓인다. 불을 끄고 고운 체에 걸러 건더기는 버린다.

2. 중간 크기의 팬에 설탕과 남은 2큰술의 물을 넣고 약한 불에서 카라멜이 될 때까지 4~5분간 끓인다. 고추를 넣어 젓고 1분간 더 끓인다. 걸러둔 소스, 피시소스, 라임즙을 넣고 젓는다. 소스가 끓어오르면 불을 줄여 걸쭉하고 윤기가 날 때까지 5분간 약한 불에서 졸인다.

3. 큰 팬을 센 불에 올려 달군다. 생선에 소금과 후추로 간하고 올리브오일 2큰술을 뿌린다. 팬에 올려 생선살이 쉽게 부서지도록 한 면당 2~3분씩 익힌다.

4. 작은 팬에 남은 1큰술의 올리브오일을 넣고 달궈 샬롯이 노르스름하게 되도록 4~5분간 튀긴다.

5. 접시에 생선을 담고 위에 소스를 끼얹는다. 실파와 튀긴 샬롯으로 장식한다.

깨와 와사비를 입혀 살짝 구운 참치

seared tuna with sesame & wasabi crust

와사비는 일본에서 즐겨먹는 향신료로 고추냉이라고 부른다. 와사비가루는 톡 쏘는 향을 가지고 있어 서양의 고추냉이인 홀스래디시보다 약간 맵다. 와사비가루를 이용하면 고추의 익숙한 매운맛과는 다른 변화를 줄 수 있다.

4인분	**향신료믹스**		**참치**	
25분	2큰술	고수씨	4조각(150g)	참치스테이크
5~10분	1큰술	통후추	1덩어리	브로콜리, 8cm 길이로 자른다.
	2작은술	소금	1대	청경채, 겉의 큰 잎은 따내고 세로로 반을 가른다.
	1/2작은술	레드페퍼후레이크 또는 굵은 고춧가루	1큰술	신선한 레몬즙
1	2큰술	참깨	2작은술	참기름
	1큰술	검정깨	2큰술	생강피클
	1/2작은술	와사비가루		소금과 통후추 간 것
				간장, 서빙용

1. 절구나 스파이스그라인더에 고수씨, 통후추, 소금, 레드페퍼후레이크를 넣고 곱게 갈아준다. 작은 볼에 옮겨 깨와 와사비가루를 넣고 섞는다.

2. 참치스테이크에 향신료믹스를 눌러가며 고루 묻혀둔다.

3. 큰 냄비에 물을 끓인다. 브로콜리를 넣고 1분간 끓인다. 청경채를 넣고 부드럽지만 아삭한 감이 살아 있을 때까지 2~3분간 익힌다. 물을 따라내고 큰 볼에 옮겨 담는다. 참기름, 레몬즙, 생강피클을 넣고 뒤섞는다. 소금과 후추로 간한다.

4. 큼지막한 팬에 참기름을 두르고 센 불에서 달군다. 참치스테이크를 넣어 알맞은 정도로 겉면이 익을 때까지 한 면당 2~3분씩 굽는다. 뜨거울 때 채소와 간장을 곁들여 낸다.

이 요리가 좋다면 다음의 요리도 추천!

브로콜리를 곁들인 타이식 칠리생선

150

케이준피시

172

케이준피시 cajun fish

이 요리는 저탄수화물 다이어트 중인 사람들에게 적당하다.

4~6인분

15분

5분

1

향신료믹스
2큰술	단맛 나는 파프리카
1작은술	카이엔페퍼
1작은술	강황가루
1작은술	말린 오레가노
1작은술	말린 타임
1/2작은술	곱게 간 후추
1/3작은술	육두구가루
1작은술	설탕
1작은술	소금

샐러드
2컵(100g)	어린 시금치잎
150g	방울토마토, 2등분한다.

1개	빨간양파 작은 것, 얇게 채썬다.
2큰술	엑스트라버진 올리브오일
2큰술	신선한 레몬즙

생선
3큰술	엑스트라버진 올리브오일
4조각(250g)	단단한 흰살생선, 도미, 대구, 넙치, 아귀 등으로 준비한다.
1개	레몬, 조각으로 잘라 장식용으로 준비한다.

1. 작은 볼에 파프리카, 카이엔페퍼, 강황, 오레가노, 타임, 후추, 육두구, 설탕, 소금을 넣어 섞는다.

2. 중간 크기의 볼에 시금치, 토마토, 양파를 넣어 섞어둔다. 향신료가 든 작은 볼에 올리브오일, 레몬즙, 겨자를 넣고 휘젓는다. 샐러드에 드레싱을 끼얹어 섞는다.

3. 근 팬을 센 불에 올려 달군다.

4. 생선에 올리브오일을 바르고 향신료믹스를 고루 묻힌다. 생선살이 쉽게 부서지고 겉이 검게 될 때까지 한 면당 2분씩 굽는다.

5. 뜨거울 때 샐러드와 레몬 조각을 곁들여 낸다.

이 요리가 좋다면 다음의 요리도 추천!

고수와 감자 샐러드를 곁들인 **하리사생선**

158

깨와 와사비를 입혀 살짝 구운 **참치**

170

태운 레몬들 곁들인 **케이준치킨**

192

칠리 앤 망고 살사를 곁들인 **통생선구이**

baked whole fish with chile & mango salsa

기름지지 않아 건강에 좋고 만들기 편하며 맛까지 있는 이 요리는 모든 면에서 완벽하다. 가족과의 단란한 식사에
내기도 좋지만 손님을 초대한 저녁식사에 내놓기에도 손색이 없으며 무엇보다 간편해서 좋다.

	4인분		생선		칠리 앤 망고 살사	
	20분	2큰술	고수씨	1개	잘 익은 망고, 껍질을 벗기고 씨를 제거해 주사위모양으로 썬다.	
	15~20분	1큰술	큐민씨	1개	빨간피망, 길이로 얇게 채썬다.	
		2작은술	단맛 나는 파프리카가루	1컵(50g)	숙주나물	
		1/2작은술	통후추	2대	실파, 얇게 채썬다.	
	1	2큰술	식물성기름	2큰술	땅콩, 볶아서 굵게 다진다.	
		1마리(2Kg)	도미 또는 단단한 흰살생선, 손질해둔다.	2개	작은 홍고추, 씨를 빼고 얇게 채썬다.	
			소금	1큰술	곱게 다진 고수잎	
				1큰술	곱게 다진 민트	
				2큰술	신선한 라임즙	
				2작은술	참기름	
				1작은술	굵게 간 재거리 또는 갈색설탕	

1. 오븐을 200도로 예열한다.

2. 생선이 고루 익을 수 있도록 도미살의 머리 쪽 두
   꺼운 부분에 2번 칼집을 넣는다.

3. 작은 팬에 고수씨, 큐민, 파프리카, 통후추를 넣고
   향이 살아나도록 30초간 기름기 없이 볶는다. 절구
   나 스파이스그라인더에 넣고 곱은 가루로 빻아준다.

4. 큰 볼에 향신료믹스와 식물성기름을 넣고 섞는다. 생
   선을 넣고 고루 묻도록 뒤섞는다. 소금으로 간한다.

5. 생선을 큼직한 알루미늄호일에 올려 싸준다. 생
   선살이 쉽게 부서질 때까지 15~20분간 오븐에서
   굽는다.

6. 중간 크기의 볼에 망고, 피망, 숙주, 실파, 땅콩,
   고추, 고수, 민트를 넣어 섞는다. 다른 볼에 라임즙,
   참기름, 설탕을 넣어 휘젓는다. 망고가 든 볼에 라
   임즙 드레싱을 넣어 잘 뒤섞는다.

7. 생선이 식기 전에 칠리 앤 망고 살사를 위에 얹어
   낸다.

스파이시한 통생선튀김 spicy deep fried whole fish

붉은도미는 흔히 구할 수 있는 흰살생선 중 하나이다. 껍질도 맛있고 살이 많아 통째 요리하기에 적당하다.

🍲 2인분	**소스**	
	2큰술	땅콩기름
⏱ 20분	3쪽	마늘, 곱게 다진다.
	2cm	갈랑갈 또는 생강, 얇게 저민다.
🍳 15분	2개	작은 홍고추, 씨를 빼고 얇게 채썬다.
	1/4컵(60ml)	물
🍸 2	2큰술	곱게 간 야자설탕 또는 갈색설탕
	1¹/₂큰술	타이 피시소스
	1큰술	신선한 라임즙
	1/2큰술	타마린드페이스트

생선	
4컵(1L)	튀김용 식물성기름
1마리(750g)	붉은도미나 그 외 단단한 흰살생선, 씻은 뒤 비늘을 긁어 제거한다.
	옥수수전분, 튀김 옷
1/4컵(15g)	고수잎

1. 작은 냄비에 땅콩기름을 두르고 약한 불에서 달군다. 마늘, 갈랑갈, 고추를 넣고 부드러워지도록 3~4분간 볶는다. 물, 야자설탕, 피시소스, 라임즙, 타마린드페이스트를 넣고 설탕이 녹을 때까지 가끔 저어가며 끓인다. 불을 키워 센 불에서 약간 되직해질 때까지 2분 정도 끓인다.

2. 우묵하고 큰 팬에 식물성기름을 붓고 중불에서 190도까지 달군다. 튀김용 온도계가 없으면 작은 빵조각을 기름에 떨어뜨려본다. 빵이 들어가자마자 표면으로 떠오르고 노르스름하게 변하면 적당한 온도가 된 것이다.

3. 생선을 키친타월로 두드려 물기를 닦고 전분을 고루 입혀준다.

4. 생선의 겉은 바삭하고 속은 알맞게 익도록 한쪽당 3~4분씩 튀긴다. 건져내 기름기를 빼주고 담아낼 접시에 놓는다.

5. 소스를 다시 데워 생선 위에 뿌린다. 고수잎을 뿌려 뜨겁게 낸다.

이 요리가 좋다면 다음의 요리도 추천!

벵갈식 바다송어

160

타이식 칠리카라멜소스를 곁들인 **생선**

168

칠리 앤 망고 살사를 곁들인 **통생선구이**

174

육류 Poultry & Meat

마살라치킨버거 masala chicken burgers

이 치킨버거는 가족들의 건강식 점심이나 간식으로 내놓기에 좋을 뿐 아니라 바쁜 주말에 싸들고 나가기에도 안성맞춤이다. 하루 전에 냉장고에 닭고기를 넣어두었다가 필요할 때 만들어내면 된다.

- 4인분
- 10분
- 12시간
- 5~10분

- 1

마살라치킨

2큰술	엑스트라버진 올리브오일
1큰술	신선한 레몬즙
1큰술	고수씨 가루
1/2큰술	큐민가루
2작은술	신선한 통후추 간 것
1/2작은술	카다맘가루
1/2작은술	계피가루
1/4작은술	소금
1/4작은술	정향가루
4개	껍질 벗긴 닭넓적다리살

양파와 민트라이타

1컵(250g)	플레인요거트
1개	빨간양파 작은 것, 얇게 썬다.
1큰술	신선한 레몬즙
1큰술	곱게 다진 민트
1/4작은술	큐민가루
	소금

버거

4개	버거빵, 2등분한다.
2큰술	버터
	상추, 곁들임용으로 준비한다.
1개	큰 토마토, 저민다.
1/2개	작은 오이, 얇게 썬다.

1. 중간 크기의 볼에 올리브오일, 레몬즙, 고수씨, 큐민, 후추, 카다맘, 계피, 소금, 정향을 넣고 섞는다. 닭고기를 넣고 고루 묻도록 뒤섞는다. 뚜껑을 엎어 냉장고에 12시간 재운다.

2. 작은 볼에 라이타를 만드는 데 필요한 모든 재료를 넣고 섞는다.

3. 큰 팬을 센 불에 올려 달군다. 닭고기를 넣고 겉과 속이 고루 잘 익도록 면당 3~5분씩 굽는다.

4. 빵에 버터를 발라 상추, 토마토, 오이를 얹는다. 닭고기를 제일 위에 얹고 라이타를 숟가락으로 끼얹어 빵으로 덮는다. 따뜻하게 낸다.

이 요리가 좋다면 다음의 요리도 추첸!

닭고기와 옥수수 퀘사디야

64

텍사스식 멕시칸 양념을 한 닭

68

스파이시 쇠고기버거

182

스파이시 쇠고기버거 spicy beef burgers

이 메뉴는 가벼운 점심이나 간식으로 빠르게 만들 수 있어서 좋다. 통밀가루로 만든 햄버거빵은
식이섬유소가 많이 들어 있을 뿐 아니라 풍미가 좋다.

🔴 4인분		
🟢 15분		
🍳 10~15분		

스파이시 쇠고기버거

4큰술(60ml)	엑스트라버진 올리브오일
1개	작은 양파, 강판에 간다.
2쪽	마늘, 곱게 다진다.
2개	작은 홍고추, 씨를 빼고 잘게 다진다.
1큰술	매운 파프리카
2작은술	큐민가루
1작은술	강황가루
1작은술	소금
1/2작은술	신선한 통후추 간 것
1/4작은술	칠리파우더
600g	갈아놓은 쇠고기
3/4컵(45g)	빵가루
3큰술	잘게 다진 파슬리
1개	왕란, 흰자와 노른자를 살짝 풀어둔다.

서빙용

4장	슬라이스 체다치즈
4개	버거빵, 2등분한다.
2큰술	버터
	상추, 채썬다.
1개	큰 토마토, 저민다.
1개	빨간양파 작은 것, 얇게 채썬다.
	바비큐소스

🍸 1

1. 중간 크기의 팬에 2큰술의 올리브오일을 두르고 양파, 마늘, 홍고추를 넣고 부드러워지도록 3~4분간 중불에서 볶는다. 파프리카, 큐민, 강황, 소금, 후추, 칠리파우더를 넣고 향이 살아나도록 30초간 볶는다. 불을 끄고 옆에 치워둔다.

2. 쇠고기, 빵가루, 파슬리, 계란, 양념한 양파를 푸드프로세서에 넣고 섞일 정도로만 돌려준다. 큰 볼에 옮겨 손으로 4등분하고 납작한 버거 모양으로 빚는다.

3. 큰 팬을 센 불에 올려 달군다. 남은 2큰술의 올리브오일을 버거에 뿌리고 한 번에 2조각씩 적당한 정도로 익도록 한 면을 2~3분씩 익힌다. 치즈 1장씩 버거 위에 얹어 약간 녹아내리게 한다.

4. 빵의 안쪽에 버터를 바르고 채썬 상추, 토마토, 양파를 얹는다. 쇠고기버거를 제일 위에 얹고 바비큐소스를 뿌린다. 위에 빵을 덮어 뜨거울 때 낸다.

사천식 치킨 sichuan chicken

기름기가 적고 건강에 좋은 이 음식은 30분 이내에 만들 수 있다.

4~6인분	3큰술	식물성기름
15분	800g	껍질 벗긴 닭의 넓적다리살, 2등분한다.
20~25분	1쪽	마늘, 곱게 다진다.
	2작은술	강판에 곱게 간 생강
	1작은술	곱게 간 사천후추
1	1작은술	삼발올렉 또는 하리사페이스트 (30쪽)
	1/2컵(125ml)	닭육수(104쪽)

3큰술	간장
1큰술	현미식초
1/2큰술	설탕
1/4작은술	칠리파우더
	바스미티 쌀로 지은 밥, 서빙용으로 준비한다.
2개	중국 브로콜리* 또는 브로콜리, 데쳐서 곁들인다.

1. 우묵하고 큼직한 팬을 센 불에 올려 달군다. 닭고기에 2큰술의 식물성기름을 바르고 갈색이 나도록 한 면을 2~3분씩 익힌다. 팬에서 꺼내 접시에 담아둔다.

2. 불을 줄이고 팬에 1큰술의 식물성기름을 두른다. 마늘과 생강을 넣고 부드러워질 때까지 2분 정도 볶는다. 후추와 삼발올렉을 넣고 향이 살아나도록 30초간 볶는다. 닭고기를 팬에 같이 넣고 양념이 배도록 뒤적인다.

3. 닭육수, 간장, 현미식초, 설탕, 칠리파우더를 넣는다. 가끔 저어가며 닭이 완전히 익도록 10~15분간 약한 불에서 조린다.

4. 뜨거울 때 밥과 브로콜리를 곁들여 낸다.

> * 중국 브로콜리(chinese broccoli) : 굵은 줄기 위에 넓적한 잎이 있는 채소로 브로콜리보다 약간 매운 맛이 난다. 중국에서 굴소스를 넣어 볶거나 쪄서 많이 먹는다.

이 요리가 좋다면 다음의 요리도 추천!

멕시칸살사를 곁들인 바비큐치킨

186

피리피리치킨

188

치킨몰레

190

멕시칸살사를 곁들인 바비큐치킨

BBQ chicken with Mexican salsa

4인분

20분

12시간

15~20분

1

치킨	
8개	닭다리
2큰술	엑스트라버진 올리브오일
1쪽	마늘, 곱게 다진다.
1큰술	스위트파프리카
2작은술	큐민가루
1작은술	칠리파우더
	소금과 신선한 통후추 간 것
	사워크림, 서빙용으로 준비한다.

살사	
2개	옥수수(또는 스위트콘), 껍질을 벗긴다.
2작은술+닭고기 구울 때 바를 여분	
	엑스트라버진 올리브오일
1개	큰 토마토, 주사위모양으로 썬다.
1개	아보카도, 반으로 갈라 씨를 빼고 주사위모양으로 썬다.
1/2개	빨간양파 작은 것, 정사각형으로 썬다.
1/2컵(25g)	고수잎
1개	작은 홍고추, 곱게 다진다.
2큰술	신선한 레몬즙

1. 날카로운 칼로 닭다리에 큼직하게 칼집을 넣어준다. 작은 볼에 올리브오일, 마늘, 파프리카, 큐민, 칠리파우더를 넣고 섞는다. 닭다리를 넣고 고루 묻힌다. 뚜껑을 덮고 냉장고에 넣어 밤새 재워둔다.

2. 바비큐 그릴을 센 불로 예열한다.

3. 옥수수에 기름을 바르고 바비큐 위에 올려 뒤집어가며 약간 탈 정도로 5~8분간 굽는다. 불에서 내려 식힌다. 칼날을 이용해 옥수수 알갱이를 훑어낸다.

4. 훑어낸 옥수수를 중간 크기의 볼에 넣는다. 토마토, 아보카도, 양파, 고수잎, 고추, 라임즙, 남은 올리브오일을 넣어 섞는다. 소금과 후추로 간한다.

5. 중불로 줄이고 닭다리를 얹은 후 가끔씩 뒤집어가며 고르게 안쪽까지 잘 익도록 8~10분간 굽는다.

6. 뜨거울 때 살사와 사워크림을 곁들여 낸다.

피리피리치킨 *piri piri chicken*

포르투갈의 음식인 피리피리치킨은 원래 포르투갈의 식민지였던 모잠비크에서 유래했다. 피리피리칠리는 모잠비크에서 자라는데, 구할 수 없다면 작고 매운 홍고추로 대체 가능하다.

4인분		
30분		
4~12시간		
20~25분		
2		

마리네이드

1/2컵(125ml)	엑스트라버진 올리브오일
1/3컵(90ml)	신선한 레몬즙
6개	작은 홍고추
3쪽	마늘, 다진다.
1큰술	곱게 다진 생강
1작은술	스위트파프리카
1작은술	소금
4큰술	곱게 다진 파슬리

치킨

1마리	약 1.5kg 중량의 닭
	서빙용 그린샐러드
	서빙용 레몬 조각

1. 작은 냄비에 올리브오일, 레몬즙, 고추, 마늘, 생강, 파프리카, 소금을 넣어 중불에서 끓인다. 끓으면 불을 줄여 2분간 조린다. 불에서 내려 약간 식혀 둔다. 양념을 푸드프로세서에 붓고 부드럽게 간다. 큰 볼에 옮겨 파슬리를 넣고 섞는다.

2. 깨끗한 도마에 닭의 가슴 쪽이 아래로 향하게 놓는다. 날카로운 칼이나 부엌 가위를 이용해 등뼈를 제거한다. 흐르는 찬물에 닭을 씻고 키친타월로 두들겨 물기를 닦는다. 닭을 납작하게 펴 놓는다. 2개의 쇠꼬챙이를 가슴의 가장 두꺼운 부위부터 다리까지 끼워준다. 이렇게 하면 납작하게 펴진 채로 닭을 익힐 수 있다. 닭다리의 가장 두꺼운 부위에 칼집을 넣어 고르게 익도록 한다.

3. 양념을 닭에 바르고 덮개를 덮어 냉장고에서 4시간 이상이나 밤새도록 재운다.

4. 바비큐 그릴을 중불에서 예열한다. 닭다리의 가장 두꺼운 부위를 찔러보아 맑은 즙이 나올 때까지 15~20분간 굽는다. 닭이 촉촉하게 익도록 양념을 발라가며 굽는다.

5. 꼬챙이를 빼고 뜨거울 때 샐러드와 레몬 조각을 곁들여 낸다.

이 요리가 좋다면 다음의 요리도 추천!

마살라치킨버거

180

멕시칸살사를 곁들인 **바비큐치킨**

186

태운 레몬을 곁들인 **케이준치킨**

192

치킨몰레 chicken mole

이 고전적인 멕시코 요리의 이름은 멕시코에서 사용하는 스페인어로, 소스를 뜻하는 '몰레'에서 가져온 것이다.
닭 대신 칠면조를 이용해 만들 수도 있다.

4~6인분	3개	말린 칩포틀레 큰 것, 씨를 제거하고 굵게 다진다.
20분	4컵(1L)	닭육수(104쪽)
15분	1개	양파, 굵게 다진다.
40~45분	3쪽	마늘, 다진다.
	1작은술	훈제파프리카
2	1/2작은술	큐민가루
	1/2작은술	올스파이스* 또는 호박파이스파이스
	1/4작은술	계피가루

1/4작은술	정향가루
2컵(400g)	토마토 통조림, 즙도 이용한다.
2큰술	엑스트라버진 올리브오일
1마리	1.5kg 중량의 닭
30g	멕시칸 또는 다크초콜릿
	소금과 신선한 통후추 간 것
	밀가루 또띠야를 함께 곁들이고, 고수잎으로 장식한다.

1. 작은 냄비에 칠리와 1컵의 닭육수를 붓고 센 불에서 끓인다. 불을 끄고 15분 동안 칠리를 불린다. 칠리를 건져내고 육수를 보관한다.

2. 푸드프로세서에 칠리, 양파, 마늘, 파프리카, 큐민, 올스파이스, 계피, 정향을 넣고 부드러운 페이스트가 되도록 30초 정도 갈아준다. 고운 체에 걸러 건더기를 제거하고 걸러진 소스는 보관한다.

3. 큰 냄비에 기름을 두르고 센 불에 올려 달군다. 걸러낸 향신료를 넣고 끓인다. 끓어오르면 5분간 아주 약한 불에서 끓인다.

4. 남은 3컵(750ml)의 육수를 냄비에 부어 같이 끓인다. 닭과 초콜릿을 넣고 익을 때까지 20~25분간 약한 불에서 끓인다.

5. 냄비에서 닭을 건져내 접시에 담고 뚜껑을 덮어 식지 않게 보관한다. 다시 불을 켜고 가끔 저어주며 센 불에서 되직할 정도로 소스를 조린다. 닭을 냄비에 넣고 데워준다. 소금과 후추로 간한다.

6. 고수잎으로 장식해 뜨거울 때 또띠야와 함께 낸다.

---

* 올스파이스(all spice) : 향기롭고 톡 쏘는 맛이 나는 향신료로 덜 익은 초록색 열매를 건조시키면 후추, 계피, 육두구, 정향을 합친 향이 난다고 올스파이스라 이름 붙여졌다.

태운 레몬을 곁들인 케이준치킨

cajun chicken with blackened lemon

닭은 바비큐나 뜨거운 그릴팬에 얹어 요리할 수도 있다.

	향신료믹스			1/2작은술	큐민가루
4인분	2큰술	식물성기름		1/2작은술	소금
10분	1큰술	신선한 레몬즙			
5~10분	1큰술	말린 오레가노		서빙용	
	1큰술	말린 타임		4개	뼈를 제거하고 껍질을 벗긴
	1큰술	스위트파프리카			닭가슴살
1	1큰술	마늘가루		2개	레몬, 반으로 가른다.
	1작은술	카이엔페퍼			서빙용 그린샐러드
	1작은술	신선한 통후추 간 것			

1. 작은 볼에 식물성기름, 레몬즙, 오레가노, 타임, 파프리카, 마늘가루, 카이엔페퍼, 후추, 큐민, 소금을 넣어 섞는다.

2. 큰 팬을 중불에 올려 달군다. 닭가슴살 겉에 향신료믹스를 고루 입힌다. 표면이 검게 되면서 속까지 익도록 5~10분간 굽는다.

3. 작은 팬을 센 불에 올려 달군다. 레몬의 절단면이 검게 타도록 1~2분간 익힌다.

4. 뜨거울 때 샐러드와 레몬을 곁들여 낸다.

이 요리가 좋다면 다음의 요리도 추천!

레드 핫 치킨윙

66

케이준치킨샐러드

122

케이준피시

172

버미첼리로 속을 채운 모로코식 닭요리

moroccan chicken stuffed with vermicelli

닭고기에는 단백질, 나이아신, 셀레늄, 비타민 B6가 풍부하다. 모로코에서 유래된 이 레시피에는 향신료들을 섞어 만든 맛있는
스터핑* 레시피가 있으니 참고한다.

4인분	스터핑		닭	
25분	100g	버미첼리 쌀국수**	1마리	1.5kg 중량의 닭
5분	2큰술	엑스트라버진 올리브오일	3큰술	엑스트라버진 올리브오일
90분	2쪽	마늘, 곱게 다진다.	2쪽	마늘, 곱게 다진다.
	2작은술	큐민가루	1작은술	생강가루
	1작은술	강황가루	1/2작은술	강황가루
2	1/2작은술	카이엔페퍼	1/4작은술	카이엔페퍼
	2큰술	곱게 다진 파슬리		소금과 신선한 후추 간 것
	2큰술	곱게 다진 고수잎	1¼컵(300ml)	물

1. 오븐을 200도로 예열한다.

2. 물을 끓인 후 불을 끄고 국수를 부드러워질 때까
   지 5분간 담궈둔다. 국수를 건져내 짧게 다져 중간
   크기의 볼에 담아둔다. 볼에 올리브오일, 마늘, 생
   강, 큐민, 강황, 카이엔페퍼를 넣고 뒤섞는다. 파슬
   리와 고수잎을 넣고 섞는다. 소금과 후추로 간한다.

3. 닭을 흐르는 찬물에 깨끗하게 씻어 키친타월로 두
   드려 물기를 닦아낸다. 스터핑으로 뱃속을 채운다.
   닭의 다리를 모아 꼬아주고 스터핑이 빠져 나오지
   않도록 두꺼운 실을 이용해 발목을 묶는다. 닭을 로
   스팅팬에 올려놓는다.

4. 작은 볼에 올리브오일, 마늘, 생강, 강황, 카이엔
   페퍼를 넣고 섞은 뒤 닭에 바른다. 소금과 후추로
   간한다.

5. 로스팅팬에 물을 붓는다. 알루미늄호일로 로스팅
   팬을 덮고 45분간 익힌다. 호일을 걷어내고 가끔씩
   팬 바닥에 고인 액체를 끼얹어가며 굽는다. 닭다리
   의 가장 두꺼운 허벅지 부위를 찔러보아 핏물이 아
   닌 맑은 즙이 나올 때까지 약 45분간 오븐에서 더
   익힌다.

6. 뜨거울 때 내도 좋고 미지근하게 식혀서 내도 괜
   찮다.

---

* 스터핑(stuffing) : 닭의 뱃속에 채워 넣는 것이나 고추의 속을 채워 튀기는 요리와 같이 식재료의 속을 채워주는 것을 이르는
  말로, 칠면조 요리에 넣는 스터핑 재료는 따로 만들어 속재료만을 먹기도 한다.

** 버미첼리 쌀국수(vermicelli) : 버미첼리는 스페게티보다 가는 굵기의 국수를 이르는 말로 여러 가지 재료로 만들 수 있다. 동
   남아 지역에서는 쌀로 만든 버미첼리를 국물이 있는 쌀국수 요리나 볶음국수 요리에 이용한다.

칠리콘카르네 chili con carne

이 음식은 친구 여럿을 부른 큰 파티에 어울린다. 재료를 2~3배로 준비해 칠리를 미리 만들어 둔다. 아주 스파이시하게 만들고 싶으면 칠리를 더 넣으면 된다. 구운 감자와 구아카몰레, 사워크림, 갈아놓은 치즈를 작은 그릇에 담아 함께 낸다.

6인분	3큰술	엑스트라버진 올리브오일
25분	2½작은술	칠리페이스트 또는
65~70분		하리사페이스트(30쪽)
	1개	큰 양파, 껍질을 벗기고
		곱게 다진다.
	2쪽	마늘, 곱게 다진다.
1	1개	긴 홍고추 또는 풋고추,
		씨를 빼고 다진다.
	500g	갈아놓은 쇠고기
	1/2작은술	소금
	2큰술	레드와인
	1작은술	카이엔페퍼 또는 레드페퍼후레이크
	2작은술	스위트파프리카
	1/2작은술	큐민씨
	1작은술	말린 오레가노

1작은술	말린 바질
1작은술	고수씨 가루
1개(10cm)	계피 껍질
1개	빨간피망, 씨를 빼고 잘게 다진다.
4컵(800g)	토마토 통조림, 즙도 이용한다.
4컵(800g)	강낭콩 콩조림,
	강낭콩만 건져서 이용한다.
2작은술	우스터소스
1큰술	발사믹식초
2큰술	토마토퓨레
1컵(250ml)	물
	소금과 신선한 통후추 간 것
2줄기	타임

1. 큰 팬에 올리브오일을 두르고 중불에 올려 달군다. 1½작은술의 칠리페이스트를 넣고 기름과 잘 섞이게 몇 초간 저어준다. 양파를 넣고 부드러워질 때까지 3~4분간 볶는다. 마늘과 고추를 넣고 2~3분간 더 볶는다.

2. 쇠고기를 넣고 갈색이 될 때까지 5분간 볶는다. 소금과 와인을 넣고 2분 정도 약한 불에서 끓여준다.

3. 카이엔페퍼, 파프리카, 큐민, 오레가노, 바질, 계피, 피망을 넣고 1~2분간 잘 젓는다.

4. 토마토, 강낭콩, 우스터소스, 발사믹식초, 토마토퓨레를 넣고 되직한 붉은색의 소스가 되도록 저은 뒤 물 1/2컵(125ml)을 붓는다.

5. 중불에서 저어가며 칠리를 끓인다. 소금과 후추로 간한다. 남은 1작은술의 칠리페이스트와 타임을 넣고 섞는다.

6. 팬에 뚜껑을 덮고 아주 약한 불에서 55~60분간 끓인다. 칠리가 바닥에 눌어붙지 않도록 가끔 저어준다. 입맛에 따라 소금, 후추, 칠리를 더 넣는다.

7. 계피와 타임을 건져내고 뜨거울 때 낸다.

스파이시 쇠고기스튜 spicy beef stew

이 스튜는 긴 겨울 저녁 추위를 녹이는 한 끼 식사로 제격이다. 막 쪄내 김이 폴폴 나는 감자나 갓 지은 밥을 스튜 국물에 찍어 먹을 수 있게 함께 내보자.

4~6인분	3큰술	식물성기름
20분	1.5kg	스튜용 스테이크, 목살이나 사태를 4cm 크기로 썬다.
40~50분	2개	큰 양파, 두툼하게 썰어둠
	2개	매운 홍고추 또는 청양고추, 두껍게 썬다.
1	2쪽	마늘, 곱게 다진다.
	2개	중간 크기의 감자, 껍질을 벗기고 4cm 크기의 주사위모양으로 썬다.

1개	큰 당근, 2cm 크기의 주사위모양으로 썬다.
2컵(500ml)	채소육수(96쪽)
3개	큰 토마토, 주사위모양으로 썬다.
1/2개	양배추, 얇게 썬다.
1큰술	꿀
1/2컵(25g)	곱게 다진 파슬리
	소금과 통후추 간 것

1. 바닥이 두꺼운 큼직한 냄비에 2큰술의 식물성기름을 두르고 센 불에서 달군다. 쇠고기를 넣고 겉면이 갈색이 되도록 3~4분간 볶는다. 익힌 쇠고기는 다른 그릇에 옮겨둔다.

2. 같은 냄비에 1큰술의 식물성기름을 두르고 달군다. 양파, 고추, 마늘을 넣고 부드러워질 때까지 3~4분간 볶는다. 감자와 당근을 넣고 2분간 더 볶는다.

3. 냄비에 쇠고기를 다시 넣고 채소육수, 토마토, 양배추, 꿀을 넣고 끓인다. 끓어오르면 불을 줄이고 쇠고기와 채소가 부드럽게 익을 때까지 40~50분간 약한 불에서 끓인다.

4. 파슬리를 넣어 섞은 뒤 소금과 후추로 간한다. 뜨거울 때 담아낸다.

이 요리가 좋다면 다음의 요리도 추천!

스파이시 쇠고기수프
108

쇠고기마드라스
202

쇠고기렌당 beef rendang

이 스파이시한 코코넛커리는 인도네시아와 말레이시아에서 즐겨먹는다. 고기를 소스에 넣고
오래도록 조리해야 모든 향신료의 맛이 배어들어간다.

🍽 4~6인분		
🍲 30분		
⏱ 120분		

향신료페이스트

4개	샬롯, 굵게 다진다.
2개	레몬그라스, 흰 부분만 곱게 다진다.
4~6개	홍고추, 씨를 빼고 곱게 다진다.
2쪽	마늘, 곱게 다진다.
1½큰술	식물성기름
2작은술	고수씨 가루
2작은술	큐민가루
1/2작은술	훼넬가루
1/2작은술	생강가루
1/4작은술	정향가루

렌당

3큰술	정향
1.25kg	스튜용 스테이크, 목살이나 사태를 4cm 크기의 주사위모양으로 썬다.
1개	계피 껍질
2컵(500ml)	코코넛밀크 통조림
3/4컵(180ml)	물
1½큰술	신선한 라임즙
1큰술	곱게 간 야자설탕 또는 갈색설탕
1/4컵(30g)	잘게 채썬 (말린) 코코넛, 오븐에서 살짝 굽는다. 바스마티 쌀로 갓 지어낸 밥, 서빙용으로 준비한다.

1. 푸드프로세서에 샬롯, 레몬그라스, 고추, 마늘을 넣고 부드러운 페이스트 상태가 되도록 간다. 식물성기름, 고수씨, 큐민, 훼넬, 생강, 정향을 넣고 섞이도록 다시 한 번 갈아준다.

2. 바닥이 두꺼운 큼직한 펜에 식물성기름을 두르고 중불에서 달군다. 향신료페이스트를 넣고 향이 살아나도록 1분간 볶는다. 계피 껍질과 쇠고기를 넣고 연한 갈색이 되도록 3~5분간 볶는다. 코코넛밀크와 물, 라임즙을 붓고 끓인다. 야자설탕과 코코넛을 넣고 젓는다.

3. 쇠고기가 부드럽게 익고 소스가 걸쭉하게 졸여지도록 2시간가량 약한 불에서 끓인다. 뜨거울 때 밥과 함께 낸다.

이 요리가 좋다면 다음의 요리도 추천

쇠고기마드라스

202

쇠고기빈달루

204

스파이시 쇠고기사테이

206

쇠고기마드라스 beef madras

이 음식은 다양한 종류의 인도 커리 중 하나다. 아주 맵고 칠리파우더와 토마토가 들어가 빨갛다. 요리의 이름은 인도 남부에 지금은 첸나이로 알려진 도시 마드라스에서 따온 것이다. 마드라스커리의 소스는 닭이나 양을 이용해 만들 수도 있다.

	커리페이스트		커리	
4~6인분	1/2컵(60g)	잘게 채썬 (말린) 코코넛	2큰술	기 또는 식물성기름
30분	4쪽	마늘, 굵게 다진다.	2개	양파, 곱게 다진다.
4~12시간	3개	말린 홍고추, 바스러뜨린다.	750g	쇠고기 우둔살, 6cm 크기의
120분	2작은술	강판에 굵게 간 생강		조각으로 썬다.
	1큰술	고수씨 가루	1큰술	토마토페이스트
1	1큰술	큐민가루	3개	큰 토마토, 주사위모양으로 썬다.
	1작은술	칠리파우더	1컵(250ml)	채소육수(96쪽)
	1작은술	계피가루	6개	햇감자, 2등분한다.
	1/2작은술	후춧가루	150g	껍질콩, 2등분한다.
	1/4작은술	강황가루	1큰술	신선한 레몬즙
	1/4작은술	정향가루		차파티*, 서빙용
	1/2컵(125ml)	코코넛크림		

1. 푸드프로세서에 코코넛, 마늘, 고추, 생강, 고수씨, 큐민, 칠리, 계피, 후추, 강황, 정향을 넣고 입자가 굵은 가루가 될 때까지 간다. 코코넛크림을 부어가며 부드러운 페이스트 상태로 갈아준다.

2. 향신료페이스트를 큰 볼에 옮겨 담는다. 쇠고기를 넣고 뒤섞어 고루 묻힌다. 뚜껑을 덮고 냉장고에 넣어 4시간 또는 밤새도록 재운다.

3. 바닥이 두꺼운 냄비에 기를 넣고 중불에서 달군다. 양파를 넣고 부드러워지도록 3~4분간 볶는다. 커리페이스트를 묻힌 쇠고기를 넣고 가끔씩 저어가며 겉이 갈색으로 익고 향이 살아날 때까지 3분간 익힌다. 토마토페이스트, 토마토, 채소육수를 넣고 끓인다. 불을 줄여 감자를 넣고 뚜껑을 덮어 1시간 15분 동안 약한 불에서 끓인다.

4. 껍질콩과 레몬즙을 넣고 섞은 후 껍질콩과 쇠고기가 물러질 때까지 20분간 끓인다. 뚜껑을 열고 소스가 걸쭉해지도록 5~10분간 졸인다. 뜨거울 때 차파티를 곁들여 낸다.

---

* 차파티(chapattis) : 인도에서 많이 먹는 부풀리지 않은 납작한 빵

쇠고기빈달루 beef vindaloo

빈달루커리는 인도 서해안의 고아에서 즐겨먹는다. 이 이름은 돼지고기와 마늘을 넣어 만든 포르투갈의 음식 카르네 데 비나 달로스(carne de vinha d'ahlos)에서 유래되었다. 고아는 오랜 시간 동안 포르투갈의 식민지였기 때문에 포르투갈의 음식이 인도에 적용된 예라고 할 수 있다.

🍲	4인분
🥣	30분
🌡	4~12시간
🍯	70~100분
🔥	1

커리페이스트

4개	말린 홍고추, 바스러뜨린다.
2작은술	큐민씨
2작은술	카다맘씨
1개	계피 껍질, 바스러뜨린다.
1작은술	통후추
1/2작은술	정향
1/2작은술	페누그릭씨
1/2작은술	강황가루
1/2작은술	고수씨 가루
1/3컵(90ml)	화이트와인식초
1작은술	굵게 간 야자설탕 또는 갈색설탕

커리

1kg	스튜용 쇠고기, 2.5cm 크기의 주사위모양으로 썬다.
3큰술	기 또는 식물성기름
2개	중간 크기의 양파, 강판에 간다.
6쪽	마늘, 곱게 다진다.
1큰술	강판에 곱게 간 생강
2개	토마토, 굵게 다진다.
1컵(250ml)	채소육수(96쪽)
	바스마티 쌀로 지은 밥, 서빙용으로 준비한다.

1. 절구나 스파이스그라인더에 고추, 큐민, 카다맘, 계피, 후추, 정향, 페누그릭, 강황, 고수씨를 넣고 고운 가루가 되도록 간다. 큰 볼에 옮겨 식초와 설탕을 넣고 섞는다.

2. 커리페이스트에 쇠고기를 넣고 뒤섞어 고루 묻힌다. 뚜껑을 덮고 냉장고에서 4시간 또는 밤새도록 재운다.

3. 바닥이 두꺼운 큼직한 냄비에 기름을 두르고 양파, 마늘, 생강을 넣어 부드러워지도록 3~4분간 볶는다. 쇠고기와 커리페이스트를 넣고 센 불에서 고기의 표면이 갈색으로 익을 때까지 5분간 볶는다. 토마토와 육수를 넣고 끓인다. 뚜껑을 덮고 아주 약한 불에서 고기가 부드럽게 익을 때까지 60~90분간 끓인다 뜨거울 때 밥과 함께 낸다.

이 요리가 좋다면 다음의 요리도 추천!

스파이시 **쇠고기스튜**

198

쇠고기렌당

200

쇠고기마드라스

202

스파이시 쇠고기사테이 spicy beef satay

사테이는 인도네시아의 자바에서 유래한 음식으로 구운 고기를 소스(주로 매콤한 땅콩소스)에 곁들여낸다.

6인분

30분

25분

1

사테이소스	
1큰술	땅콩기름
4쪽	마늘, 곱게 다진다.
2개	작은 홍고추, 씨를 빼고 곱게 다진다.
1큰술	강판에 곱게 간 생강
1작은술	스위트파프리카
1/2작은술	카이엔페퍼
1컵(250g)	크런치피넛버터
2컵(400ml)	코코넛밀크 통조림
1/4컵(50g)	눌러 담은 흑설탕
1/4컵(60ml)	신선한 라임즙, 체에 거른다.
2큰술	타이 피시소스
1큰술	간장

스파이시한 쇠고기	
2큰술	땅콩기름
1개	큰 양파, 얇게 채썬다.
1개	빨간피망, 씨를 빼고 어슷썬다.
1개	녹색피망, 씨를 빼고 어슷썬다.
2개	큰 홍고추, 씨를 빼고 얇게 채썬다.
750g	쇠고기 우둔살, 6cm 크기의 주사위모양으로 썬다.
	재스민 쌀로 지은 밥, 서빙용으로 준비한다.
2대	실파, 얇게 채썰어 장식용으로 준비한다.

1. 중간 크기의 냄비에 기름을 두르고 중불에서 달군다. 마늘, 고추, 생강을 넣고 부드러워지도록 5분간 볶는다.

2. 파프리카, 카이엔페퍼, 피넛버터, 코코넛밀크, 설탕을 넣고 끓인다. 끓기 시작하면 불을 줄이고 라임즙, 피시소스, 간장을 붓고 걸쭉해질 때까지 약한 불에서 10분간 끓인다. 쇠고기를 준비하는 동안 따뜻하게 보관한다.

3. 큼직한 팬에 기름을 두르고 센 불에서 달군다. 양파, 피망, 고추를 넣고 부드러워지도록 5분간 볶는다. 쇠고기를 넣고 잘 익을 때까지 5분간 볶는다.

4. 쇠고기가 식기 전에 밥과 함께 담고 위에 사테이소스를 얹는다. 실파로 장식해 낸다.

국수를 곁들인 돼지고기그린커리

pork green curry with noodles

취향에 따라 돼지고기 대신 양고기나 쇠고기를 이용해도 된다.

🍲 4인분	1큰술	해바라기씨유	100g	베이비콘 통조림, 반으로 자른다.
⏲ 15분	400g	돼지 살코기, 얇고 길쭉하게 자른다.	125g	에그누들*
🍳 15~20분	2큰술	타이 그린커리페이스트	125g	깍지완두, 반으로 어슷썬다.
	1개(3cm)	생강, 껍질을 벗긴 후 얇게 저민다.	200g	죽순 통조림, 체에 밭쳐 물기를 뺀다.
🌶 1	1개	맵지 않은 작은 홍고추, 씨를 빼고 얇게 썬다.	3대	실파, 손질해 두껍게 어슷썬다.
			1/2컵(25g)	굵게 다진 신선한 고수잎
	1²/3컵(400ml)	코코넛밀크		
	1/3컵(100ml)	물		

1. 우묵한 팬에 기름을 두르고 뜨겁게 달군 다음 돼지고기를 넣는다. 겉이 고르게 갈색으로 익을 때까지 6~8분간 볶는다.

2. 고기를 한쪽으로 몰아놓고 커리페이스트, 생강, 고추를 넣고 젓는다. 재료들이 잘 섞이도록 1분간 볶는다. 코코넛밀크를 조금씩 넣어가며 돼지고기와 양념을 잘 섞는다.

3. 물을 붓고 잘 저어준 다음 끓인다. 불을 약하게 줄여 끓이다가 베이비콘을 넣는다. 5분간 약한 불에서 더 끓인다.

4. 다른 냄비에 물을 붓고 펄펄 끓으면 국수를 넣고 국수 포장에 적힌 설명에 따라 2~4분간 국수를 삶아 건져낸다.

5. 돼지고기그린커리가 있는 팬에 국수와 깍지완두, 죽순, 실파를 함께 넣고 1~2분간 볶는다.

6. 고수잎을 얹어 장식해 따뜻할 때 낸다.

> * 에그누들(egg noodle) : 밀가루에 계란 또는 계란노른자를 넣어 반죽한 면으로 노르스름하고 쫄깃하다. 굵기는 만드는 방법에 따라 다양하다.

이 요리가 좋다면 다음의 요리도 추천!

타이식 핫 앤 사워 수프

90

해산물라크사

106

타이식 레드채소커리

234

케랄라 돼지고기커리 kerala pork curry

케랄라는 인도 남서부 지역의 이름이다. 케랄라는 긴 해안선을 가지고 있어 수세기 동안 유럽 지중해 연안과
아랍 사람들의 방문이 잦았다. 이들의 영향을 받아 케랄라에는 풍부하고 다양한 음식문화가 발전했다.

- 4인분
- 30분
- 120분
- 100분

- 1

커리페이스트	
8개	말린 홍고추, 바스러뜨린다.
1큰술	고수씨
2작은술	큐민씨
2작은술	통후추
1작은술	카다맘씨
1작은술	계피가루
1/4작은술	칠리파우더
5개	정향
2큰술	물
4쪽	마늘, 곱게 다진다.
1개	작은 풋고추, 씨를 빼고 곱게 다진다.
1작은술	강판에 곱게 간 생강
1/2작은술	소금

커리	
650g	돼지 살코기, 주사위모양으로 썬다.
2개	양파, 얇게 채썬다.
2큰술	화이트와인식초
2개	월계수잎
3큰술	기 또는 식물성기름
1/2컵(125ml)	물
8개	커리잎
	바스마티 쌀로 지은 밥, 서빙용으로 준비한다.
	빠빠덤*, 서빙용으로 준비한다.

1. 작은 팬에 말린 고추, 고수씨, 큐민, 통후추, 카다맘, 계피, 칠리파우더, 정향을 넣고 향이 살아나도록 1~2분간 기름 없이 볶는다. 절구나 스파이스그라인더에 옮겨 고운 가루로 빻는다. 물, 마늘, 푸고추, 생강, 소금을 넣고 저어 페이스트로 만들어준다.

2. 중간 크기의 볼에 돼지고기, 양파, 식초, 월계수잎을 넣고 섞는다. 향신료페이스트를 넣고 고루 묻도록 뒤적인다. 뚜껑을 덮어 냉장고에 2시간 이상 재워둔다.

3. 바닥이 두꺼운 큼직한 냄비에 기를 넣고 센 불에서 달군다. 돼지고기를 양념에서 건져 겉이 갈색이 되도록 익히고 향이 살아나도록 3~4분간 볶는다. 양념, 물, 커리잎을 넣고 끓인다. 가끔 저어가며 고기가 부드럽게 익을 때까지 뚜껑을 넣고 약한 불에서 90분 정도 끓인다.

4. 뜨거울 때 밥과 빠빠덤을 곁들여 낸다.

---

* 빠빠덤(papadum) : 렌틸, 병아리콩 등 여러 재료의 가루를 섞어 만든 반죽을 얄팍하게 밀어 튀겨내거나 바삭하게 구워 손으로 부셔 먹는 음식

파인애플삼발을 곁들인 돼지고기향신구이

spiced pork with pineapple sambal

파인애플과 돼지고기는 궁합이 잘 맞는다. 특히 파인애플이 신선하고 잘 익어 향이 좋을수록 요리가 맛있어진다.

4인분	**향신료믹스**		**파인애플삼발**		
30분	2작은술	사천후추	1/2개	생코코넛, 과육을 발라낸다.	
120분	1작은술	휀넬씨	1컵	잘게 깍둑썰기한 파인애플	
10분	2개	작은 고추 말린 것	2작은술	강판에 곱게 간 생강	
	1작은술	고수씨	1/2컵(25g)	곱게 다진 고수잎	
2			1개	작은 홍고추, 씨를 빼고 얇게 썬다.	
	돼지고기		2큰술	신선한 라임즙	
	650g	돼지고기 살코기	1큰술	굵게 간 재거리 또는 갈색설탕	
	2큰술	정제된 꿀	2작은술	타이 피시소스	
	1큰술	엑스트라버진 올리브오일			
	1작은술	소금			

1. 작은 팬에 후추, 휀넬, 고수씨를 넣고 중간 불에서 향이 살아나도록 1분간 기름 없이 볶는다. 절구나 스파이스그라인더에 옮겨 굵은 입자가 살아 있을 정도로 갈아준다.

2. 중간 크기의 볼에 돼지고기, 꿀, 올리브오일, 향신료믹스를 넣고 고루 묻도록 뒤섞는다. 뚜껑을 덮어 냉장고에 넣고 2시간 이상 재워둔다.

3. 파인애플은 얄팍하게 썬다. 중간 크기의 볼에 코코넛, 파인애플, 생강, 고수잎, 고추를 넣고 섞는다. 작은 볼에 라임즙, 설탕, 피시소스를 넣고 젓는다. 작은 볼에 든 액체를 코코넛 위에 뿌리고 뒤섞어둔다.

4. 큰 팬을 센 불에 올려 달군다. 돼지고기를 넣고 적당한 정도로 익을 때까지 한 면을 4~5분씩 익힌다. 알루미늄호일을 덮어 5분간 육즙이 고루 배이게 둔다.

5. 돼지고기를 먹기 좋은 크기로 잘라 뜨거울 때 파인애플삼발과 함께 낸다.

양고기|태진 lamb tagine

절인 레몬은 북아프리카, 특히 모로코 요리에 흔히 이용된다. 레몬은 소금에 절여 태진이나 다른 요리에 향을 더하거나 장식하기 위해 이용한다. 우리나라에서는 쉽게 구할 수 없으므로 레몬의 윗면에 십자로 칼집을 깊게 내고 그 사이에 소금을 뿌려 2일간 상온에 보관했다가 냉장고에 넣고 3주 이상 보관해 두었다가 물에 소금을 씻어내고 사용한다.

6인분

25분

75~80분

1

향신료페이스트	
3쪽	마늘, 곱게 다진다.
1작은술	곱게 간 후추
1작은술	생강가루
1작은술	스위트파프리카
1작은술	큐민가루
1/2작은술	카이엔페퍼
1/2작은술	소금
1/4작은술	샤프란가루
2큰술	엑스트라버진 올리브오일

태진	
1큰술	엑스트라버진 올리브오일
2개	큰 양파, 얇게 채썬다.
1.5kg	뼈를 바른 양 어깨살, 4cm 크기의 정육면체로 썬다.
2컵(500ml)	닭육수(104쪽)
4큰술(60ml)	신선한 레몬즙
1/2컵(25g)	곱게 다진 파슬리
1/2컵(25g)	곱게 다진 고수잎
1컵(100g)	그린올리브 새로 익힌 쿠스쿠스*, 서빙용으로 준비한다.
1개	절인 레몬**, 장식용으로 준비한다.

1. 절구에 마늘, 후추, 생강, 파프리카, 큐민, 카이엔 페퍼, 소금, 샤프란을 넣고 섞는다. 올리브오일을 조금씩 부어가며 부드러운 페이스트가 될 때까지 갈아준다.

2. 바닥이 두꺼운 큼지막한 냄비에 기름을 두르고 중불에서 달군다. 양파와 향신료페이스트를 넣고 향이 살아날 때까지 1분간 볶는다. 양고기를 넣고 연한 갈색이 날 정도로 3~4분간 볶는다. 닭육수와 레몬즙을 넣고 끓인다. 파슬리, 고수잎, 올리브를 넣고 젓는다.

3. 뚜껑을 덮고 양이 부드러워질 때까지 가끔 저어 가며 1시간 이상 아주 약한 불에서 끓인다. 위에 뜨 는 지방은 걷어내 버린다. 소스가 걸쭉해지도록 뚜 껑을 열고 약한 불에서 10~15분간 끓인다.

4. 절여둔 레몬을 얹어 장식해 뜨거울 때 쿠스쿠스 와 함께 낸다.

---

* 쿠스쿠스(couscous) : 북아프리카의 주식으로 좁쌀만 한 크기의 파스타, 끓는 물이나 육수를 부어 익혀 먹는다.

** 절인 레몬(preserved lemon) : 소금과 레몬즙에 30일 이상 절여둔 레몬. 부드러운 질감과 독특한 향을 가지고 있어 모로코 음식에 널리 쓰인다.

인도식 램코프타 indian lamb koftas

코프타는 중동이나 인도의 미트볼 또는 미트로프(meatloaf)와 같다. 미트로프는 갈아놓은 고기에
다진 채소와 양념을 해 둥근 모양으로 빚거나 틀에 넣어 익힌 요리를 말한다. 주로 갈아놓은 양고기나 쇠고기를
향신료에 섞어 만든다. 이 조리법은 인도식을 따른 것이다.

◎ 6인분
● 20분
● 20~25분

🍴 1

코프타

600g	갈아놓은 양고기
1개	작은 양파, 강판에 굵직하게 간다.
2쪽	마늘, 곱게 다진다.
2개	작은 풋고추, 씨를 빼고 곱게 다진다.
2큰술+여분	곱게 다진 고수잎
1작은술	곱게 간 생강
1작은술	가람 마살라
1/2작은술	큐민가루
1/2작은술	소금
1/4작은술	신선한 후추 간 것
1개	계란 큰 것, 풀어둔다.
	난*, 서빙용

커리소스

2작은술	큐민씨
1¹/₂작은술	고수씨
1¹/₂작은술	매운 파프리카
1작은술	카다맘씨
1작은술	계피가루
1작은술	가람 마살라
1작은술	강황가루
1/2작은술	칠리파우더
2개	정향
2큰술	식물성기름
2개	양파, 곱게 다진다.
2쪽	마늘, 곱게 다진다.
1큰술	강판에 곱게 간 생강
4개	중간 크기의 토마토, 잘게 썬다.
1/4컵(60ml)	물
1컵(250g)	플레인요거트

1. 큰 볼에 양고기, 양파, 마늘, 고추, 고수잎, 생강, 가람 마살라, 큐민, 소금, 후추, 계란을 넣고 잘 섞는다. 25~30개의 덩어리로 나누어 뚜껑을 덮고 필요할 때까지 냉장보관한다.

2. 작은 팬에 큐민, 고수, 파프리카, 카다맘, 계피, 강황, 칠리, 정향을 넣고 향이 살아날 때까지 1분간 기름 없이 볶는다. 절구나 스파이스그라인더에 옮겨 고운 가루가 될 때까지 갈아준다.

3. 큰 팬에 기름을 두르고 중불에서 달군다. 양파, 마늘, 생강, 향신료믹스를 넣고 부드러워질 때까지 3·4분간 볶는다. 토마토, 물, 요거트를 넣고 끓인다. 코프타를 넣고 아주 약한 불에서 소스가 걸죽해지고 향이 살아나도록 15~20분간 끓인다.

4. 코프타를 고수잎으로 장식해 따뜻한 난과 함께 낸다.

---

* 난(naan) : 이스트를 이용해 반죽을 부풀려 탄두리 화덕에 구워먹는 인도의 빵

양 앞다리로 만든 커리 lamb shank curry

양고기는 쇠고기나 닭고기와 구별되는 독특한 향이 있어 유럽이나 중동지방에서는 사랑받는 식재료지만 우리나라에서는 아직 대중적이지 않다. 뼈가 있는 양 앞다리 고기를 구하기 어려우면 소나 돼지의 뼈 있는 질긴 부위를 이용해 만들어도 된다.

- ◎ 4인분
- ● 30분
- ▤ 약 120분

- ♈ 2

향신료믹스

1작은술	가람 마살라
1작은술	큐민가루
1작은술	고수씨 가루
1작은술	강황가루
1/2작은술	카이엔페퍼

커리

4개	큼직한 양 앞다리, 한쪽 뼈 주위 살을 발라 손질한다.
4큰술(60ml)	식물성기름
2개	양파, 두껍게 썬다.

2쪽	마늘, 곱게 다진다.
2작은술	곱게 다져놓은 생강
2개	카다맘씨 주머니, 벌려둔다.
2개	월계수잎
1개	계피 껍질
2컵(500ml)	닭육수(104쪽)
2컵(400g)	토마토 콩조림, 즙도 이용한다.
1/3컵(90g)	플레인요거트
3큰술	곱게 다진 고수잎
	바스마티 쌀로 갓 지은 밥, 서빙용으로 준비한다.

1. 작은 유리병에 가람 마살라, 큐민, 고수씨, 강황, 카이엔페퍼를 넣는다. 뚜껑을 덮고 흔들어 잘 섞는다.

2. 큰 팬을 중불에 올려 달군다. 식물성기름 2큰술을 두르고 양 앞다리를 넣어 겉이 갈색이 나도록 돌려가며 2~3분씩 지진다. 겉이 익은 양 앞다리는 다른 그릇에 옮겨 담아둔다.

3. 오븐을 170도로 예열한다.

4. 남은 2큰술의 식물성기름을 같은 팬에 넣고 중간 불에서 달군다. 양파, 마늘, 생강을 넣고 부드러워질 때까지 3~4분간 볶는다. 향신료믹스, 카다맘, 월계수잎, 계피 껍질을 넣고 향이 살아나도록 1분간 볶는다. 닭육수와 토마토를 넣고 끓인다.

5. 깊이가 있는 베이킹팬에 양 앞다리를 놓고 준비한 소스를 위에 붓는다. 알루미늄호일로 덮고 가끔씩 뒤집어주며 양고기가 부드럽게 익어 뼈에서 잘 떨어질 정도가 될 때까지 90~120분을 굽는다.

6. 오븐에서 꺼내 요거트와 고수잎을 넣고 섞는다. 뜨거울 때 밥과 함께 낸다.

케프타로 속을 채운 양다리 kefta stuffed lamb leg

케프타는 중동 지역에서 갈아놓은 고기에 향신료를 섞어 놓은 것을 말한다. 양다리를 요리하는 조금은 색다른 방법입니다.
삶거나 찐 감자 또는 밥과 신선한 그린 샐러드를 곁들여보자.

	스터핑			양고기	
6~8인분	3큰술	엑스트라버진 올리브오일		1개	뼈를 발라낸 약 2.5kg
20분	1개	작은 양파, 곱게 다진다.			중량의 양고기 다리살
15분	2쪽	마늘, 곱게 다진다.		2큰술	엑스트라버진 올리브오일
90~120분	1작은술	큐민가루		1큰술	매운 파프리카가루
	1작은술	계피가루		1큰술	큐민가루
1	1/2작은술	생강가루		1작은술	고수씨 가루
	1/2작은술	매운 파프리카가루			소금과 통후추 간 것
	1/4작은술	통후추 간 것		1개	큰 양파, 큼직하게 썬다.
	1/4작은술	카이엔페퍼		1컵(250ml)	물
	250g	다진 양고기			
	3큰술	곱게 다진 파슬리			
	1개	왕란, 풀어둔다.			

1. 오븐은 180도로 예열한다.

2. 팬에 올리브오일을 두르고 중불에 올려 기름을 달군다. 양파와 마늘을 넣어 부드러워질 때까지 3~4분간 볶는다. 큐민, 계피가루, 생강가루, 파프리카, 소금, 후추, 카이엔페퍼를 넣고 향이 살아나도록 30초간 볶는다.

3. 불을 끄고 중간 크기의 볼에 옮겨 담는다. 다진 양고기와 파슬리, 계란을 넣고 잘 섞는다.

4. 양다리에 붙은 지방덩어리는 잘라낸다. 살코기에 작은 칼집을 넣어 향이 잘 배도록 한다. 양의 뼈를 발라낸 부위에 스터핑을 채워 넣고 두꺼운 실로 풀리지 않도록 묶는다.

5. 작은 볼에 올리브오일, 파프리카, 큐민, 고수씨를 넣고 섞어 향신기름을 만든다. 향신기름을 양고기에 발라주고 소금과 후추로 간을 한다.

6. 큼직한 로스팅팬에 양고기를 넣고 오븐의 중간 선반에 올려 적당히 익도록 90~120분을 로스팅한다. 오븐에서 꺼내 알루미늄호일로 덮어 육즙이 고루 퍼지도록 15분간 놓아둔다.

7. 뜨겁거나 미지근하게 낸다.

중동식 스파이스로 양념해 구운 양고기

middle eastern spiced roast lamb

양고기를 살 때 하얀 지방이 낀 기름기 적어 보이는 다리를 고른다. 지방이 노르스름한 것은 늙은 양으로 냄새가 심하다.
약간의 지방은 오븐에서 구워지는 동안 고기를 촉촉하게 유지시키므로 기름을 다 도려내지 않도록 한다.

- 6~8인분
- 20분
- 4~12시간
- 90~120분

- 1

향신료믹스

3큰술	통후추
2큰술	매운 파프리카가루
1큰술	고수씨
1개	계피 껍질, 바스러뜨린다.
1큰술	정향
2작은술	카다맘씨
2작은술	육두구가루

양고기

1개	약 2.5kg 중량의 뼈를 바르지 않은 양고기 다리살
3큰술	엑스트라버진 올리브오일
3큰술	신선한 레몬즙

1. 작은 팬에 후추, 파프리카, 고수씨, 큐민, 계피, 정향, 카다맘, 육두구를 넣고 중불에서 향이 살아날 때까지 2분간 기름 없이 볶는다. 볶은 향신료를 절구나 스파이스그라인더에 넣고 고운 가루가 되도록 간다.

2. 양다리는 기름을 적당히 떼어내고 손질해둔다. 살점에 칼집을 넣어 향이 잘 배도록 한다. 작은 볼에 향신료믹스, 올리브오일, 레몬즙을 넣고 섞는다. 양고기에 향신료믹스를 바르고 뚜껑을 덮어 냉장고에서 4시간 이상 또는 밤새 재워둔다.

3. 오븐을 180도로 예열한다.

4. 양고기를 큰 로스팅팬에 올려 상온에 보관해둔다. 오븐의 중간 선반에 넣고 적당히 익을 때까지 90~120분 동안 굽는다.

5. 오븐에서 꺼내 알루미늄호일로 덮어 자르기 전에 15분간 둔다. 뜨거울 때 낸다.

이 요리가 좋다면 다음의 요리도 추천!

케프타로 속을 채운 **양다리**

220

모로코스파이스로 양념해 구운 **양고기**

224

모로코스파이스로 양념해 구운 양고기

moroccan spiced lamb

양고기를 4시간 이상 익히면 아주 부드럽고 향신료와 버터의 향이 속속 배어들어 맛있다.

- 6~8인분
- 15분
- 15분
- 4시간 20분

- 1

1개	2.5kg 중량의 뼈를 바르지 않은 양다리	2작은술	고수씨 가루
2/3컵(150g)	버터, 부드럽게 녹인다.	1작은술	계피가루
2쪽	마늘, 곱게 다진다.	1작은술	소금
1 1/2큰술	매운 파프리카가루	1작은술	통후추 간 것
1큰술	큐민가루	1/2작은술	카이엔페퍼
		1컵(250ml)	물

1. 오븐을 220도로 예열한다.

2. 양다리는 기름을 적당히 떼어내고 손질해둔다. 살점에 칼집을 넣어 향이 잘 배도록 한다.

3. 작은 볼에 버터, 마늘, 파프리카, 큐민, 고수, 계피, 소금, 후추, 카이엔페퍼를 넣고 섞는다. 향신버터를 양고기에 바르고 칼집 사이에 넣어준다.

4. 큰 로스팅팬에 양다리를 올려놓고 물을 붓는다. 오븐의 맨 윗칸에 넣고 20분간 굽는다.

5. 양고기를 중간 선반으로 옮기고 150도로 온도를 낮춰 살이 뼈에서 떨어질 정도로 무르게 4시간 이상 굽는다. 팬 바닥의 육즙을 15분마다 끼얹어 양고기를 촉촉하게 유지한다.

6. 오븐에서 꺼내 알루미늄호일을 덮어 15분간 두었다가 썬다. 뜨거울 때 낸다.

이 요리가 좋다면 다음의 요리도 추천!

양고기태진
214

케프타로 속을 채운 양다리
220

중동식 스파이스로 양념해 구운 양고기
222

채식주의자를 위한

요리 Vegetarian

칠리껍질콩 chile snake beans

스네이크빈(일명 1야드빈, 아스파라거스빈)은 서남아시아에서 많이 먹는 음식으로 우리나라에서는 구하기 어려우므로 껍질콩을 이용한다.

- 4~6인분
- 15분
- 6~7분

2큰술	식물성기름
1개	양파, 채썬다.
2쪽	마늘, 곱게 다진다.
3작은술	칠리페이스트 또는 하리사페이스트(30쪽)

750g	껍질콩
1/3컵(90ml)	닭육수(104쪽)
1작은술	설탕

1

1. 우묵하고 큼직한 팬에 기름을 두르고 센 불에서 달군다. 양파, 마늘, 칠리페이스트를 넣고 부드럽고 향이 살아날 때까지 1~2분간 볶는다.

2. 빈을 넣고 양념이 고루 묻게 2분간 볶는다. 닭육수를 붓고 설탕을 넣는다. 빈이 부드럽지만 아직 아삭함이 살아 있으며 소스가 걸쭉하게 묻어 있을 정도가 될 때까지 3분간 볶는다. 뜨거울 때 낸다.

이 요리가 좋다면 다음의 요리도 추천!

칠리버터를 바른 **옥수수바비큐**

46

한국식 **시금치샐러드**

110

스파이시 **두부볶음**

236

감자와 시금치 커리 potato & spinach curry

영양소가 골고루 들어 있는 커리는 한 끼 식사로 충분한 일품요리다.

4인분	1/4컵(60ml)	식물성기름	1/2컵(125ml) 물
20분	1개	양파 큰 것, 깍둑썰기한다.	1/2작은술 소금
20~25분	3쪽	마늘, 곱게 다진다.	1/2작은술 설탕
	2작은술	곱게 다진 생강	6개 큰 토마토, 주사위모양으로
	1개	큰 홍고추, 씨를 빼고	썬다.
		곱게 다진다.	4컵(200g) 어린 시금치잎
1	1작은술	가람 마살라	1/2컵(125g) 플레인요거트
	1작은술	큐민가루	2큰술 신선한 고수잎
	1작은술	고수씨 가루	
	1/2작은술	강황가루	
	750g	감자, 껍질을 벗기고 4cm	
		크기의 주사위모양으로 썬다.	

1. 큰 냄비에 기름을 두르고 중불에서 달군다. 양파, 마늘, 생강을 넣고 부드러워질 때까지 3~4분간 볶는다. 고추, 가람 마살라, 큐민, 고수씨, 강황을 넣고 향이 살아나도록 1분 정도 볶는다.

2. 감자를 넣고 섞는다. 물을 붓고 소금과 설탕을 넣어 끓인다. 뚜껑을 덮고 약한 불에서 감자가 익을 때까지 10~15분간 끓인다.

3. 토마토와 시금치를 넣고 젓는다. 뚜껑을 연 상태에서 5분간 익힌다.

4. 고수잎으로 장식하고 요거트를 곁들여 뜨거울 때 낸다.

이 요리가 좋다면 다음의 요리도 추천!

시금치코르마

232

계란커리

238

채소커리

246

시금치코르마 spinach korma

코르마는 중앙아시아에서 유래한 음식으로 인도 북부, 방글라데시, 파키스탄에서 특히 유명하다.
이 레시피는 채소만 이용해 만든 것이지만 고기를 넣어 만들어도 된다.

4~6인분

20분

25분

1

1큰술	큐민씨
3큰술	식물성기름
2큰술	버터
2개	중간 크기의 양파, 채썬다.
2작은술	강판에 곱게 간 생강
4쪽	마늘, 얇게 썬다.
10개	카다맘 꼭지, 씨를 빼고 바스러뜨린다.
1큰술	강황가루
1/4작은술	소금
2개	큰 풋고추, 다진다.

6개	감자, 껍질을 벗기고 4cm 크기의 주사위모양으로 썬다.
6컵(300g)	어린 시금치잎
1/2컵(125ml)	물
2장	월계수잎
1/3컵(100ml)	플레인요거트
3/4컵(200ml)	크렘 프레시
1작은술	가람 마살라
1컵(50g)	곱게 다진 고수잎

1. 중간 크기의 냄비에 큐민씨를 넣고 중불에서 향이 살아나도록 1분간 기름 없이 볶는다. 냄비에 기름과 버터를 넣는다. 버터가 녹으면 양파를 넣고 노르스름해질 때까지 5분간 볶는다.

2. 생강과 마늘을 넣고 3분간 볶는다. 카다맘, 강황, 소금, 고추, 감자를 넣고 3분 동안 볶는다.

3. 냄비에 시금치, 물, 월계수잎을 넣는다. 뚜껑을 덮고 물이 모두 졸아들고 감자가 부드럽게 익을 때까지 10~12분 동안 중불에서 조린다.

4. 볼에 요거트와 크렘 프레시를 넣고 가람 마살라와 고수를 뿌려 섞는다. 섞은 요거트는 냄비에 부어 시금치와 섞고 끓어오르기 직전까지 가열한다. 월계수잎을 빼고 그릇에 담아 뜨겁게 낸다.

이 요리가 좋다면 다음의 요리도 추천!

매운 **시금치수프**

84

한국식 **시금치샐러드**

110

병아리콩과 **시금치**

262

타이식 레드채소커리 thai red vegetable curry

이 커리페이스트 레시피를 따라 만들면 한 번에 먹을 수 있는 양의 3배 정도를 만들 수 있다. 남는 페이스트는 밀폐용기에 담아 냉장고에 보관하면 일주일 동안 두고 먹을 수 있다.

	4인분
	20분
	20~25분
	1

레드커리페이스트	
1/2큰술	고수씨
1/4작은술	흰 통후추
1/2작은술	매운 파프리카가루
2개	샬롯, 다진다.
2쪽	마늘, 다진다.
1쪽	1cm 정도 크기의 생강, 껍질을 벗겨 곱게 다진다.
2개	작은 홍고추, 씨를 빼고 곱게 다진다.
1/2작은술	곱게 다진 레몬그라스, 흰 부분만 이용한다.
1/4작은술	소금
1 1/2큰술	식물성기름

커리	
2 1/2큰술	식물성기름
1개	큰 양파, 네모로 큼직하게 썬다.
2개	큰 감자, 껍질을 벗겨 주사위모양으로 썬다.
2컵(250g)	껍질을 벗겨 주사위 모양으로 썬 단호박 또는 늙은호박
1개	큰 쥬키니호박, 주사위모양으로 썬다.
2개	빨간피망, 씨를 빼고 네모지게 썬다.
1컵(250ml)	채소육수(96쪽)
1 2/3컵(400ml)	코코넛밀크
1개	라임, 즙을 짠다.
	소금과 신선한 후추 간 것
1 1/2컵(75g)	숙주
	바질잎, 장식용

1. 작은 팬에 고수씨와 흰 통후추를 넣고 향이 살아나도록 1분간 기름 없이 볶는다. 절구나 쑤느쑤로세서에 옮겨 고운 가루가 되도록 갈아준다. 샬롯, 마늘, 생강, 고추, 레몬그라스, 소금을 넣고 식물성기름을 조금씩 넣어가며 갈아 되직한 페이스트가되도록 갈아준다.

2. 우묵하고 큼직한 팬을 센 불에 올려 기름을 넣고달궈지면 양파를 넣어 부드러워질 때까지 2~3분간볶는다. 커리페이스트 1큰술을 넣고 향이 살아날때까지 1~2분간 같이 볶는다.

3. 감자, 단호박, 쥬키니호박, 피망을 넣고 육수를부어 끓인다. 끓기 시작하면 뚜껑을 덮고 채소가익을 때까지 10~15분간 약한 불에서 끓인다. 뚜껑을 열고 소스가 약간 걸쭉해지도록 5분 정도 졸여준다.

4. 코코넛밀크와 라임즙을 넣고 한 번 더 끓인다. 소금과 후추로 간을 한다.

5. 뜨거울 때 숙주와 바질잎을 얹어 장식해 낸다.

스파이시 두부볶음 spicy tofu stir-fry

두부는 두유에 칼슘염이나 마그네슘염을 넣어 콩의 단백질을 응고시켜 단단하게 눌러 만든다.
두부에는 철분과 칼슘이 풍부하게 들어 있다.

🍽 4인분	2큰술	참기름	1개	당근, 얇게 썬다.
🕐 20분	1개	중간 크기의 양파, 채썬다.	1개	작은 브로콜리, 한입 크기로 자른다.
🔥 6~10분	2쪽	마늘, 곱게 다진다.	1개	빨간피망, 씨를 빼고 얇게 채썬다.
	2작은술	곱게 다진 생강	1개	쥬키니호박, 주사위모양으로 썬다.
	2개	큰 홍고추, 씨를 빼고 곱게 다진다.	1컵(50g)	숙주
🥄 1	350g	단단한 두부(부침용), 썰어둔다.		재스민 쌀로 지은 밥, 서빙용
	1/4컵(60ml)	간장		
	1/4컵(60ml)	케찹마니스* 또는 졸인 간장		

1. 큰 팬에 기름을 두르고 센 불에 올려 달군다. 양파, 마늘, 생강, 고추를 넣고 부드러워질 때까지 2~3분간 볶는다. 두부를 넣고 겉이 노르스름하게 익도록 2~3분간 볶는다.

2. 마니스를 넣고 고루 섞는다. 당근을 넣고 1분간 볶는다. 브로콜리, 피망, 쥬키니호박을 넣고 채소가 부드러워질 때까지 2~3분간 볶는다.

3. 숙주를 넣고 섞는다. 재스민 쌀로 지은 밥을 곁들여 뜨거울 때 낸다.

> * 케찹마니스(kecap manis) : 인도네시아의 소스로 간장에 야자설탕, 마늘, 팔각 등을 넣어 졸여 색과 향이 진하다.

이 요리가 좋다면 다음의 요리도 추천!

칠리껍질콩

228

채소커리

246

타이식 껍질콩과 청경채 커리

254

계란커리 egg curry

계란은 고단백질 식품으로 비타민K와 여러 종류의 비타민B군의 좋은 급원이다.

4~6인분	12개	왕란
20분	8개	말린 홍고추, 다진다.
30~35분	2큰술	고수씨
	1/2작은술	강황가루
	3큰술	기 또는 식물성기름
	1개	큰 양파, 네모로 큼직하게 썬다.
1	3쪽	마늘, 곱게 다진다.
	2작은술	곱게 다진 생강
	1 1/2큰술	타마린드페이스트
	1작은술	소금
	1/2작은술	설탕

1/2컵(125ml)	물
3컵(750ml)	코코넛밀크
1대	레몬그라스, 3등분해 칼등으로 짓이긴다.
4개	큰 토마토, 주사위모양으로 썬다.
	바스마티 쌀로 지은 밥, 서빙용으로 준비한다.
1개	풋고추, 어슷썬다.
2큰술	곱게 다진 고수잎

1. 큰 냄비에 계란을 넣어 찬물에 잠길 정도로 붓고 끓인다. 물이 끓기 시작하면 불을 줄여 완숙이 되도록 10~12분간 삶는다. 삶은 계란은 흐르는 찬물에 담가 식힌다. 껍질을 까고 반으로 갈라둔다.

2. 작은 팬에 고추, 고수씨, 강황을 넣고 향이 살아나도록 1~2분간 기름 없이 볶는다. 절구나 스파이스 그라인더에 옮겨 고운 가루로 갈아준다.

3. 우묵하고 큼직한 팬에 기름을 두르고 센 불에서 달군다. 양파, 마늘, 생강을 넣고 부드러워질 때까지 2~3분간 볶는다. 갈아놓은 향신료, 타마린드, 소금, 설탕을 넣고 2분간 볶는다.

4. 물, 코코넛밀크, 레몬그라스를 넣고 저어준다. 향이 골고루 배도록 10~15분간 약한 불에서 끓인다.

5. 삶은 계란과 토마토를 넣고 5분 동안 약한 불에서 끓인다.

6. 풋고추와 고수잎을 뿌려 밥과 함께 따뜻할 때 낸다.

이 요리가 좋다면 다음의 요리도 추천!

단호박커리와 **바스마티라이스**
244

가지커리
248

타이식 **버섯커리**
256

채소태진 vegetable tagine

태진은 북아프리카에서 먹는 스튜의 일종이다. 태진은 그들이 사용하는 베르베르어에서 유래한 말로 두툼하고 넙적한 접시 위에 원뿔 모양의 뚜껑을 덮은 특별한 그릇에 담아 요리한 음식을 일컫는다.

🍽 4인분		
⏱ 20분		
🍲 20~30분		
🍴 1		

2큰술	엑스트라버진 올리브오일		2컵(400g)	병아리콩 통조림,
1개	큰 양파, 중간 크기로			체에 건져둔다.
	네모지게 썬다.		1½컵(375ml)	채소육수(96쪽)
2쪽	마늘, 곱게 다져둠		250g	껍질콩, 2.5cm 길이로
1큰술	곱게 다진 생강			자른다.
1큰술	매운 파프리카가루		1/4컵(45g)	잣, 살짝 볶아둔다.
2작은술	큐민가루		1/2컵(125g)	장식용 플레인요거트
1작은술	샤프란			쿠스쿠스, 서빙용
2개	월계수잎		3큰술	곱게 다진 민트잎
1개	계피 껍질		3큰술	곱게 다진 고수잎
6개	대추야자*, 씨를 바른다.			
750g	단호박, 껍질을 벗겨 4cm 크기의 주사위모양으로 썬다.			

1. 큰 냄비에 기름을 두르고 중불에서 달군다. 양파, 마늘, 생강을 넣고 부드러워질 때까지 3~4분간 볶는다. 파프리카, 큐민, 샤프란, 월계수잎, 계피를 넣고 향이 살아나도록 1분간 볶는다.

2. 대추야자, 단호박, 병아리콩을 넣고 채소육수를 부어 끓인다. 끓기 시작하면 뚜껑을 덮고 익을 때까지 10~15분간 약한 불에서 끓인다. 껍질콩과 잣을 넣고 뚜껑을 덮어 5~10분간 끓인다.

3. 그릇에 담고 민트잎과 고수잎을 뿌린다. 쿠스쿠스와 요거트를 곁들여 뜨겁게 낸다.

> * 대추야자(date) : 중동이나 북아프리카의 뜨겁고 건조한 날씨에서 자라는 열매로 대추와 비슷하나 열매가 엄지손가락만 하게 크고 아주 달다.

이 요리가 좋다면 다음의 요리도 추천!

하리사를 곁들인 **채소쿠스쿠스**

242

채소커리

240

사계절 칠리 핫팟

250

하리사를 곁들인 채소쿠스쿠스

vegetable couscous with harissa

하리사는 튀니지아의 매운 칠리페이스트로 이 요리의 매운맛을 결정짓는다. 하리사페이스트를 구하기 어렵다면
책 앞부분의 레시피(30쪽)를 따라 만들어보자.

4~6인분

30분

30~40분

1

1/4컵(60g)	버터	2개	작은 순무, 껍질을 벗겨 8등분한다.
2큰술	엑스트라버진 올리브오일	2개	파스닙, 껍질을 벗겨 4등분한다.
2개	큰 양파, 4등분한다.	2개	큰 당근, 껍질을 벗겨
약간	샤프란		4~5등분한다.
1/2작은술	강황	1개	가지, 큼직하게 썬다.
1/2작은술	생강가루	2개	중간 크기의 쥬키니호박,
1/2작은술	후춧가루		4~5등분한다.
1작은술	신선한 백후추 간 것	1/2개	늙은호박, 껍질을 벗긴다.
1개	작은 홍고추, 다진다.	1/4컵(45g)	건포도
1개	풋고추, 씨를 빼고 채썬다.	2컵(400g)	병아리콩 통조림, 체에 건져둔다.
3개	토마토, 껍질을 벗기고 잘게 썬다.		소금과 통후추 간 것
2²/₃컵(650ml)	채소육수(96쪽)+서빙용 채소육수	1큰술	하리사페이스트(30쪽)
1작은술	소금		레몬즙
2큰술	굵게 다진 파슬리잎		
2큰술+장식용	굵게 다진 고수잎		

1. 큰 냄비에 버터와 올리브오일을 넣고 약한 불에서 달군다. 양파를 넣고 부드러워질 때까지 8~10분간 볶는다.

2. 샤프란, 강황, 생강, 후추, 고추를 넣고 1~2분간 볶는다. 토마토, 육수, 소금, 파슬리, 고수를 넣는다. 불을 세게 해 끓인다.

3. 순무, 파스닙, 당근을 넣고 약한 불에서 10분 끓인다. 가지, 쥬키니호박, 늙은호박, 건포도, 병아리콩을 넣는다. 저어주고 뚜껑을 덮는다. 채소가 부드럽지만 모양은 흐트러지지 않을 정도가 될 때까지 10~15분간 끓인다.

4. 쿠스쿠스는 포장지에 적힌 설명에 따라 익혀둔다.

5. 그릇에 쿠스쿠스를 담고 채소를 위에 얹는다. 고수잎으로 장식한다.

6. 작은 그릇에 하리사페이스트를 담는다. 하리사페이스트는 여분의 채소육수, 올리브오일, 레몬즙을 넣고 섞어 희석시켜 낸다.

단호박커리와 바스마티라이스

pumpkin curry with basmati rice

밝은 오렌지색의 단호박은 암, 심장병, 2형 당뇨병을 예방하는 데 효과가 있다고 알려진 베타카로틴이 많이 들어 있다.

6인분			2큰술		신선한 라임즙
20분	**커리**				소금과 통후추 간 것
30분	5큰술(75g)	기 또는 식물성기름	10장		커리잎
15~20분	1개	큰 양파, 네모지게 썬다.	3개		작은 풋고추
	1½작은술	큐민가루	2작은술		검은 겨자씨
1	1작은술	칠리파우더			
	1/2작은술	강황가루	**바스마티라이스**		
	750g	단호박, 껍질을 벗겨 씨를 제거하고 큼지막하게 썬다.	2½컵(500g)	바스마티 쌀	
			3컵(750ml)	물	
	2컵(400g)	토마토 통조림, 즙도 이용한다.			
	1½컵(375ml)	코코넛밀크			

1. 큰 냄비에 4큰술의 기를 두르고 중간 불에서 달군다. 양파, 큐민, 칠리파우더, 강황을 넣고 향이 살아나도록 1~2분간 볶는다. 호박, 토마토, 코코넛밀크를 넣고 끓인다. 끓기 시작하면 뚜껑을 덮고 단호박이 물러지고 수분이 없어질 때까지 약한 불에서 끓인다. 라임즙을 넣어 젓고 소금과 후추로 간을 한다. 향이 고루 배도록 필요할 때까지 옆에 보관한다.

2. 바스마티 쌀은 볼에 담아 깨끗이 씻어 찬 물에 30분간 불린다. 중간 크기의 냄비에 쌀과 물을 넣고 센 불에서 끓인다. 끓기 시작하면 뚜껑을 덮고 아주 약한 불에서 수분이 모두 흡수될 때까지 15분간 끓인다. 불을 끄고 뚜껑을 덮은 채 5분간 뜸을 들인다.

3. 작은 팬에 남은 1큰술의 기를 두르고 센 불에서 달군다. 커리잎, 풋고추, 겨자씨를 넣고 향이 살아나도록 1~2분간 볶는다.

4. 커리를 낼 그릇에 담고 향신료가 든 기를 약간 뿌린다. 바스마티 쌀로 지은 밥을 곁들여 뜨겁게 낸다.

이 요리가 좋다면 다음의 요리도 추천!

타이식 호박수프

88

아콘호박, 코코넛과 새우를 넣은 수프

92

채소커리 vegetable curry

커리에 넣는 채소는 계절에 따라 구하기 좋은 것을 이용하면 된다.

🍲	4인분
🥘	30분
🌡️	5분
🍳	20~25분
🍴	1

스파이스페이스트

6개	작은 홍고추 말린 것
2작은술	큐민씨
2작은술	고수씨
1작은술	통후추
1작은술	강황가루
1개	작은 양파, 곱게 다진다.
4쪽	마늘, 다진다.
1큰술	강판에 곱게 간 생강
2대	레몬그라스 줄기, 흰 부분만 곱게 다진다.
1작은술	새우페이스트

커리

2큰술	식물성기름
2컵(500ml)	코코넛밀크
1/2컵(125ml)	물
150g	어린 옥수수
150g	브로콜리, 한입 크기로 자른다.
150g	컬리플라워, 한입 크기로 자른다.
150g	껍질콩, 다듬어 2등분한다.
1개	피망, 씨를 빼고 네모지게 썬다.
1개	쥬키니호박, 1cm 두께의 원통으로 썬다.
2큰술	신선한 라임즙
2큰술	타이 피시소스
2작은술	굵게 간 재거리 또는 갈색설탕
1 1/2컵(300g)	재스민 쌀
2컵(500ml)	물
	장식용 고수잎

1. 말린 고추를 끓는 물에 넣고 10분간 불린다. 건져 내 굵직하게 다진다.

2. 작은 팬에 큐민, 고수씨, 후추를 넣고 중불에서 향이 살아나도록 1~2분간 기름 없이 볶는다. 절구나 푸드프로세서에 넣고 고운 가루로 갈아준다. 양파, 마늘, 생강, 레몬그라스, 새우페이스트를 넣고 부드러운 페이스트가 될 때까지 간다.

3. 바닥이 두꺼운 큼직한 냄비에 기름을 두르고 중불에 달군다. 2큰술의 커리페이스트를 넣고 향이 살아날 때까지 1분간 볶는다. 1컵(250ml)의 코코넛밀크를 넣고 향이 배도록 약한 불에서 5분간 끓인다. 남은 코코넛밀크, 물, 옥수수, 브로콜리, 콜리플라워, 껍질콩, 피망, 쥬키니호박을 넣고 채소가 물러지도록 10~15분간 끓인다. 라임즙, 피시소스, 설탕을 넣고 잘 섞는다.

4. 쌀을 흐르는 물에 깨끗이 씻는다. 중간 크기의 냄비에 쌀과 물을 넣고 끓인다. 끓기 시작하면 불을 줄이고 뚜껑을 덮어 수분이 잦아들도록 15분간 끓인다. 불을 끄고 뚜껑을 덮은 채 5분간 뜸을 들인다.

5. 커리는 밥을 곁들여 뜨겁게 낸다. 커리는 고수잎을 얹어 장식한다.

가지커리 eggplant curry

- 4인분
- 15분
- 30분
- 20~25분

- 1

커리

2개	큰 가지, 껍질은 벗기지 말고 주사위모양으로 썬다.
	소금
2큰술	식물성기름
1개	양파, 곱게 다진다.
2쪽	마늘, 곱게 다진다.
2작은술	큐민가루
1작은술	검은 겨자씨
1작은술	고수씨 가루
1/2작은술	칠리파우더

1/4작은술	강황가루
2개	큰 토마토, 다진다.
1/2컵(50g)	고수잎
	통후추 간 것

오이라이타

1개	작은 오이
1컵(250g)	플레인요거트
2큰술	신선한 레몬즙
	소금
	난, 서빙용

1. 가지를 체에 담고 소금을 넉넉히 뿌려 30분간 절인다. 남은 소금을 물로 씻어내고 가지에서 나온 물은 제거한다. 키친타월로 가지의 물기를 두드려 닦아준다.

2. 큰 팬에 기름을 두르고 중불에서 달군다. 양파, 마늘을 넣고 부드러워지도록 3~4분간 볶는다. 큐민, 겨자씨, 고수, 칠리파우더, 강황을 넣고 향이 살아나도록 30초간 볶는다.

3. 가지와 토마토를 넣어 볶는다. 뚜껑을 덮고 가지가 무르도록 15~20분간 익힌다. 고수잎을 넣어 섞고 소금과 후추로 간한다.

4. 오이는 껍질을 벗기고 씨를 파낸다. 강판으로 굵직하게 갈아 남은 물기를 짜낸다. 작은 볼에 요거트와 오이, 레몬즙을 넣어 섞는다. 소금으로 간한다.

5. 커리는 라이타와 난을 곁들여 뜨겁게 낸다.

이 요리가 좋다면 다음의 요리도 추천!

단호박커리와 **바스마티라이스**

244

타이식 껍질콩과 **청경채 커리**

254

타이식 **버섯커리**

256

사계절 **칠리 핫팟** four seasons chile hotpot

이 요리는 하루 전에 미리 만들어두었다가 먹기 직전에 데워낸다. 냉장고에서 밤새 식혔을 때 맛이 더 좋아진다.

🍲 6인분	3큰술	엑스트라버진 올리브오일	1개	단호박, 껍질을 벗기고 2.5cm
🍃 20분	1개	빨간양파, 채썬다.		크기의 주사위모양으로 썬다.
⏲ 30~40분	1개	양파, 채썬다.	1개	가지, 주사위모양으로
	2개	마늘, 다진다.		큼직하게 썬다.
	1작은술	매운 커리파우더	2컵(400g)	까넬리니콩 또는 흰강낭콩
🍴 1	1작은술	큐민가루		통조림, 체에 밭쳐둔다.
	1/2작은술	굵게 간 통후추	3큰술	곱게 다진 파슬리
	1/2작은술	레드페퍼후레이크	1~2개	레몬, 즙을 짠다.
	1/4작은술	카다맘가루		소금과 통후추 간 것
	1/4작은술	육두구가루	1작은술	하리사페이스트(30쪽)
	약간	올스파이스		
	1큰술	강판에 간 생강	**장식**	
	1~2개	큰 홍고추, 씨를 빼고	2/3컵(150ml)	크렘 프레시
		얇게 채썬다.	3큰술	플레인요거트
	1큰술	중력분	1/4작은술	맵지 않은 칠리파우더
	1²/3컵(400ml)	채소육수(96쪽)	1/2컵(50g)	구운 캐슈넛, 굵게 다진다.
	5개	꼬마 당근, 2등분한다.		
	1개	셀러리악, 껍질을 벗기고		
		섬유질을 제거해 2.5cm		
		크기의 주사위모양으로 썬다.		

1. 큰 냄비에 기름을 두르고 약한 불로 달군다. 양파를 넣고 갈색이 나도록 10~15분간 볶는다. 마늘을 넣고 2분 더 볶는다. 강황가루, 큐민, 후춧가루, 레드페퍼후레이크, 카다맘, 육두구, 올스파이스, 생강, 고추를 넣고 1분 더 볶는다.

2. 밀가루를 뿌리고 계속 저어가며 2분간 익힌다. 밀가루가 고루 묻었으면 육수를 붓는다. 끓기 시작하면 불을 약하게 줄여 2~3분 더 끓인다.

3. 당근, 셀러리악, 단호박을 넣고 5분간 약한 불에서 끓인다. 가지와 콩을 넣고 저어준 후 채소가 부드럽게 익도록 6~8분간 끓인다. 셀러리악이 없다면 셀러리 줄기를 넣는다.

4. 파슬리를 넣는다. 레몬즙, 소금, 후추를 넣는다. 국물을 조금 덜어내 하리사페이스트와 섞어 묽게 만든 후 다시 냄비에 부어 섞는다. 저어가며 1~2분간 끓인다.

5. 작은 볼에 크렘 프레시와 요거트를 넣고 휘젓는다. 칠리파우더를 뿌려둔다.

6. 완성된 핫팟은 준비한 크렘 프레시와 캐슈넛을 뿌려 낸다.

스파이시 콜리플라워와 완두콩 spicy cauliflower & peas

콜리플라워는 배추과의 식물로 비타민과 무기질이 풍부하다. 완두콩에는 섬유질이 많이 들어 있다.

	4~6인분	1개	중간 크기의 콜리플라워, 한입 크기로 자른다.	2개	풋고추, 곱게 다진다.
	20분	3작은술	큐민씨	2/3컵(60g)	간을 하지 않은 캐슈넛, 굵게 다진다.
	20분	1작은술	검은 겨자씨	2/3컵(150ml)	플레인요거트
		4큰술(60ml)	식물성기름	1작은술	가람 마살라
		4개	실파, 원형으로 썬다.	2컵(300g)	냉동 완두콩
	1	2쪽	마늘, 다진다.	2큰술	고수잎, 장식용으로 준비한다.
		1큰술	강판에 곱게 간 놓은 생강		
		2작은술	강황가루		
		1작은술	소금		

1. 중간 크기의 냄비에 소금물을 끓여 콜리플라워를 데친다. 딱 2~3분만 삶아 살짝 덜 익힌다. 건져내 다른 그릇에 보관한다.

2. 큰 팬에 큐민, 겨자씨를 넣고 향이 살아나도록 30~60초간 기름 없이 볶는다. 기름, 양파, 마늘, 생강을 넣고 자주 저어가며 노르스름하고 부드럽게 익도록 4~6분간 약한 불에서 익힌다.

3. 강황가루, 소금, 고추, 캐슈넛을 넣고 가끔 저어가며 1분간 끓인다.

4. 불을 약하게 줄이고 요거트를 넣어 섞는다. 가람 마살라를 넣고 5분간 끓인다.

5. 콜리플라워와 완두콩을 넣고 부드럽게 익을 때까지 5분간 끓인다. 고수를 넣고 젓는다.

6. 고수잎을 위에 얹어 뜨겁게 낸다.

이 요리가 좋다면 다음의 요리도 추천!

감자와 시금치 커리

230

병아리콩과 시금치

262

검은눈콩칠리

268

타이식 껍질콩과 청경채 커리

thai green bean & pak choy curry

이 저지방 커리에는 맵지 않은 고추를 이용하는 것이 어울린다. 청경채 대신 브로콜리나 깍지완두, 어린 시금치, 아스파라거스 등을 이용해도 된다.

4인분	12/3컵(400ml)	코코넛밀크
30분	2큰술	타이 그린커리페이스트
15분	1컵(250ml)	채소육수(96쪽)
	2큰술	타이 피시소스
	1대	레몬그라스, 겉잎을 떼고 다듬는다.
⚹	3개	카피르라임잎
	1큰술	강판에 곱게 간 생강
	1작은술	설탕
	4개	베이비콘, 2~3조각으로 자른다.
	2개	실파, 채썬다.
	250g	껍질콩, 2~4등분한다.

1개	풋고추, 씨를 빼고 얇게 썬다.
1개	청경채, 잎을 떼어내 굵게 찢는다.
250g	깍지완두, 2~3등분한다.
	소금과 통후추 간 것
1/2컵(25g)	고수잎
1큰술	곱게 다진 바질
1~2개	라임, 즙을 짠다.
	재스민 쌀로 지은 밥, 서빙용으로 준비한다.

1. 큰 냄비나 우묵한 팬에 코코넛밀크의 1/3을 붓고 약한 불에서 끓인다. 끓는 동안 커리페이스트를 넣어 풀어준다. 계속 저어가며 끓인다.

2. 남은 코코넛밀크와 채소육수, 피시소스를 넣는다. 레몬그라스, 라임잎, 생강, 설탕을 넣어 섞는다. 약한 불에 저어가며 계속 끓인다.

3. 베이비콘, 실파, 껍질콩, 고추를 넣고 저어 약한 불에서 5분간 끓인다.

4. 청경채의 줄기 부분은 잘게 잘라 냄비에 넣는다. 깍지완두를 넣고 섞는다. 모든 채소가 익지만 아삭 씹히는 맛이 있도록 2~3분간 약한 불에서 끓인다.

5. 청경채의 잎 부분과 고수를 넣고 젓는다. 몇 초만 더 익힌다.

6. 간을 보고 라임즙을 뿌려 섞는다. 바질 잎을 뿌려 장식해 밥과 함께 따뜻하게 낸다.

타이식 버섯커리 thai mushroom curry

수입해 판매하는 타이 커리페이스트를 이용하면 시간은 절약할 수 있다. 하지만 직접 한번 만들어보는 건 어떨까?
남은 커리페이스트는 냉장고서에 일주일, 냉동실에서 두 달까지 두고 먹을 수 있다.

4인분		
15분		
15~20분		
1		

레드커리페이스트

2작은술	고수씨
1작은술	큐민씨
2대	레몬그라스, 다진다.
2개	홍고추, 씨를 빼고 썬다.
1큰술	강판에 곱게 간 생강
2개	샬롯, 굵게 다진다.
3쪽	마늘, 저민다.
1큰술	매운 파프리카루
1/2작은술	소금
1개	라임, 껍질은 곱게 갈고 즙을 짠다.
1큰술	땅콩기름

버섯

3큰술	해바라기씨유

4큰술 레드커리페이스트

500g	버섯(표고버섯, 느타리버섯, 양송이버섯, 포토벨로버섯, 나팔버섯 등), 크면 2등분 또는 4등분해 섞는다.
150g	양송이버섯
1개	당근, 막대모양으로 썬다.
1개	노란피망, 씨를 빼고 얇게 채썬다.
1²/₃컵(400ml)	코코넛밀크
	소금과 통후추 간 것
1/2컵(25g)	고수잎
1개	라임, 4등분한다.
	타이 국수 또는 재스민 쌀로 지은 밥, 서빙용으로 준비한다.

1. 작은 팬에 고수씨, 큐민을 넣고 중간 불에서 향이 살아나도록 1분간 기름 없이 볶는다. 절구나 스파이스그라인더에 넣고 갈아준다.

2. 푸드프로세서에 향신료파우더, 레몬그라스, 고추, 생강, 샬롯, 마늘, 파프리카, 소금, 라임 껍질 간 것, 라임즙과 기름을 넣고 거친 질감의 페이스트가 될 때까지 갈아준다.

3. 우묵한 팬에 기름을 두르고 중불에서 달군다. 페이스트를 넣고 향이 살아나도록 1~2분간 볶는다.

4. 섞어둔 버섯을 넣고 갈색이 나며 부드러워지기 시작할 때까지 3~4분간 볶는다.

5. 양송이, 당근, 피망을 섞어 넣는다. 코코넛밀크를 부어 끓인다. 끓기 시작하면 불을 줄여 8~10분간 약한 불에서 끓인다.

6. 바질을 넣어 젓고 라임 조각을 얹어 장식한다. 국수나 밥을 곁들여 뜨겁게 낸다.

칠리포테이토 chile potatoes

이 감자요리는 커리와 잘 어울린다. 점질감자(waxy potato)를 사용하고 입맛에 따라 고추의 양을 조절한다. 쪘을 때 속이 가루처럼 부러지는 분질감자(floury potato)와는 달리 전분 함량이 적어 잘 부서지지 않고 단단한 감자로, 찌개나 조림에 적당하다.

4~6인분	1kg	감자, 껍질을 벗기고 4cm 크기로 자른다.	소금
10분			서빙용 그린샐러드
10~15분	5큰술(75ml)	엑스트라버진 올리브오일	1컵(250ml) 서빙용 플레인요거트
	3개	긴 풋고추, 씨를 빼고 얇게 썬다.	
	3개	긴 홍고추, 씨를 빼고 얇게 썬다.	
	1쪽	마늘, 으깬다.	
1	3¹/₂작은술	강황가루	

1. 소금물에 감자를 넣어 살짝 덜 익을 정도로 5~6분간 삶는다. 건져낸다.

2. 큰 팬에 기름을 두르고 중간 불에 달군다. 고추와 마늘을 넣는다. 몇 초간 볶다가 강황가루를 넣어 잘 섞는다.

3. 감자를 넣고 약간 갈색이 돌 정도로 5~6분간 볶는다.

4. 소금으로 간하고 샐러드와 요거트를 곁들여 낸다.

이 요리가 좋다면 다음의 요리도 추천!

칠리버터를 바른 **옥수수바비큐**

46

스파이시 **달**

264

핫 앤 스파이시 **스파게티**

276

타르카 멍 달 tharka moong dhal

이 인도 음식은 말린 빨간렌틸*과 갈라놓은 노란렌틸로 만든다. 렌틸은 물에 불릴 필요가 없지만
흐르는 찬물에 깨끗이 씻는 것만은 잊지 않도록 한다. 멍 달은 녹두의 껍질을 벗겨 말려놓은 것이다.

- 4~6인분
- 20분
- 30~40분

- 1

렌틸

1¹/₃컵(130g)	말린 빨간렌틸
1¹/₃컵(130g)	갈라놓은 노란렌틸
4컵(1L)	물
1¹/₂작은술	소금
1¹/₂작은술	강황가루
1작은술	버터
2개	긴 풋고추

타르카

1¹/₂작은술	큐민씨
1/4컵(60g)	버터

1개	큰 양파, 곱게 다진다.
1작은술	강판에 곱게 간 생강
1/4작은술	카다맘씨
1작은술	고수씨
1/2작은술	신선한 후추 간 것
약간	육두구가루
1/8작은술	카이엔페퍼
2쪽	마늘, 곱게 다진다.
3큰술	신선한 레몬즙
1/2컵(25g)	곱게 다진 고수잎

1. 큰 냄비에 렌틸과 물을 넣는다. 소금, 강황, 버터, 통고추를 넣고 끓인다. 끓기 시작하면 불을 약하게 해 뚜껑을 덮고 가끔 저어가며 렌틸이 으깨질 정도로 25~35분간 끓인다. 달이 너무 되직하면 뜨거운 물을 더 넣어준다.

2. 큰 팬에 큐민씨를 넣고 중간 불에서 향이 살아나도록 30~60초간 기름 없이 볶는다.

3. 버터를 넣고 녹으면 양파, 생강, 모든 향신료와 카이엔페퍼를 넣고 젓는다. 자주 저어가며 약한 불에서 5분간 끓인다.

4. 마늘을 넣고 부드럽고 노르스름해지도록 5~6분간 볶는다.

5. 고추를 건져낸다. 눌어붙지 않도록 자주 젓는다. 완성된 달은 죽처럼 묽어야 한다. 너무 걸쭉하면 물을 더 붓는다.

6. 직전에 레몬즙을 넣고 젓는다. 고수잎을 뿌려 잠식해 뜨거울 때 낸다.

---

* 렌틸(lentil) : 인도 지역에서 많이 먹는 콩류를 이르는 말로 껍질을 벗겨 반을 갈라 이용하면 섬유소는 줄지만 단백질 흡수가 잘된다.

병아리콩과 시금치 garbanzo beans & spinach

무어인들이 즐겨먹던 요리로, 스파이시한 정찬의 첫 번째 음식으로 또는 피타빵이나 토마토샐러드를 곁들여
가벼운 점심으로 만들어 먹으면 좋다.

4~6인분	1kg	시금치, 굵은 줄기는 잘라둔다.	1/2작은술	고추, 짓이긴다.
20분		소금	1작은술	으깬 고수씨
20~25분	2쪽	마늘, 껍질을 벗긴다.	2컵(400g)	병아리콩 통조림, 건져서 헹군다.
	1장	식빵, 올리브오일에 노릇하게 튀긴다.	1작은술	레드와인식초
			1~2큰술	물
	1/4컵(60ml)	엑스트라버진 올리브오일	1큰술	단맛 나는 훈제파프리카가루
1	1개	중간 크기의 스페인양파*, 얇게 채썬다.		

1. 시금치를 물에 씻어 물기를 남겨둔다. 냄비에 시금치를 넣고 소금을 약간 뿌려 시금치에 남은 수분으로 3~4분간 데친다. 체에 밭쳐 식으면 물기를 짜낸다. 굵게 다져 보관한다.

2. 절구에 마늘과 약간의 소금을 넣고 찧는다. 빵을 넣고 고운 가루가 될 정도로 빻거나 믹서에 넣고 갈아둔다.

3. 큰 팬에 기름을 두르고 달궈 양파(일부는 장식용으로 남겨둔다)를 넣어 5분간 볶는다. 고추와 고수를 넣고 부드럽게 익고 노르스름한 색이 나게 5분간 약한 불에서 익힌다.

4. 시금치를 넣고 1분간 볶는다. 병아리콩을 넣고 저어 2~3분간 익힌다. 소금으로 간한다.

5. 마늘빵가루, 식초, 물, 파프리카를 넣고 섞어 계속 저어가며 1~2분 익힌다. 너무 퍽퍽해 보이면 물을 몇 숟가락 넣어준다.

6. 남은 양파로 장식해 뜨거울 때 낸다.

---

* 스페인양파(spanish onion) : 갈색 껍질에 속살이 노르스름한 양파로, 매운맛이 적고 단맛이 강하다.

이 요리가 좋다면 다음의 요리도 추천!

타르카 멍 달

260

스파이시 달

264

녹두스튜

266

스파이시 달 spicy dhal

달(dal)은 인도 인근 지역에서 많이 먹는 작은 크기의 콩류로 껍질을 벗기고 반으로 갈라놓은 것이다. 렌틸은 단백질과 엽산의 좋은 급원으로 식이섬유소도 많이 가지고 있다. 섬유소가 풍부한 식품은 콜레스테롤을 낮추고 혈당을 유지하는 데 도움을 준다.

4인분		
15분		
30~40분		
1		

1컵(100g)	빨간렌틸	1큰술	황겨자씨
3컵(750ml)	물	2작은술	레드페퍼후레이크
1쪽	2.5cm가량의 생강 조각, 껍질을 벗긴다.	2개	큰 풋고추, 길게 2등분한다.
1개	계피 껍질	2큰술	신선한 레몬즙
1작은술	강황가루	3큰술	곱게 다진 고수잎
2큰술	기 또는 식물성기름		소금과 통후추 간 것
1개	큰 양파, 얇게 채썬다.		난, 서빙용으로 준비한다.
2쪽	마늘, 곱게 다진다.		
1작은술	큐민씨		

1. 큰 냄비에 렌틸, 물, 생강, 계피, 강황을 넣고 끓인다. 끓어오르면 불을 줄이고 가끔 저어가며 렌틸이 물러지도록 25~35분간 약한 불에서 끓인다. 계피와 생강을 건져내고 필요할 때까지 둔다.

2. 큰 팬에 기름이나 기를 두르고 중간 불에서 달군다. 양파와 마늘을 넣고 부드러워질 때까지 3~4분간 볶는다. 큐민와 겨자씨, 레드페퍼후레이크, 풋고추를 넣고 향이 살아나도록 2~3분간 볶는다.

3. 양파 볶은 것을 렌틸이 든 냄비에 넣고 약한 불에서 5분간 끓인다. 레몬즙과 고수잎을 넣고 섞는다. 소금과 후추로 간한다.

4. 난을 곁들여 뜨겁게 낸다.

이 요리가 좋다면 다음의 요리도 추천!

병아리콩과 시금치

262

녹두스튜

266

검은눈콩칠리

268

녹두스튜 mung bean stew

녹두는 인도 대륙이 원산지로 단백질과 식이섬유소가 많이 들어 있다.

4인분	1½컵(300g)	녹두, 밤새 물에 담가 불린다.	2컵(400g)	다진 토마토 통조림, 즙도 이용한다.
15분	2큰술	식물성기름		
12시간	1개	빨간양파, 큼직하게 썬다.	2개	큰 풋고추, 씨를 빼고 잘게 다진다.
25~30분	2쪽	마늘, 으깬다.	1/2작은술	카이엔페퍼
	150g	늙은호박, 껍질을 벗기고 1cm 크기의 주사위모양으로 썬다.	1½컵(325ml)	채소육수(96쪽) 소금과 통후추 간 것
1	1개	피망, 정사각형으로 썬다.		

1. 큰 냄비에 불린 녹두를 넣고 잠길 정도로 물을 부어 끓인다. 물이 모두 증발하고 녹두가 물러질 때까지 10분간 약한 불에서 삶는다. 불을 끄고 녹두를 으깬다.

2. 큰 냄비에 기름을 두르고 중간 불에서 달군다. 양파와 마늘을 넣고 부드러워질 때까지 3~4분간 볶는다. 호박, 피망, 토마토, 고추, 카이엔페퍼를 넣고 5분간 약한 불에서 계속 끓인다. 녹두와 육수를 넣고 잘 섞어 소스가 걸쭉해지도록 10~15분간 끓인다.

3. 소금과 후추로 간하고 뜨겁게 낸다.

이 요리가 좋다면 다음의 요리도 추천!

타르카 멍 달

260

병아리콩과 시금치

262

스파이시 달

264

검은눈콩칠리 black-eyed bean chile

시간이 부족하면 통조림 콩을 이용해도 된다. 미리 만들어 두었다가 데워 먹어도 되지만 치즈는 꼭 내기 전에 넣는다.

4~6인분	250g	검은눈콩 또는 4컵(800g)의 검은눈콩 통조림	3작은술	발사믹식초
15분			2/3컵(100g)	말린 살구, 잘게 자른다.
12시간	3큰술	엑스트라버진 올리브오일 또는 땅콩기름	4컵(800g)	토마토 통조림, 즙도 이용한다.
25~30분	1개	큰 양파	1/4작은술	소금
	1큰술	강판에 곱게 간 생강		소금과 통후추 간 것
1	1작은술	고수씨 가루	1컵(125g)	단단한 치즈(체다, 페코리노*), 갈아둔다.
	2개	풋고추, 씨를 빼고 얇게 채썬다.		
	1개	피망, 얇게 채썬다.	1큰술	곱게 다진 파슬리, 장식용
	1~2작은술	하리사페이스트(30쪽)		
	1큰술	토마토페이스트		
	2개	쥬키니호박, 굵게 간다.		

1. 콩은 찬물에 12시간 또는 밤새 담가 불린다. 불린 콩은 불린 물과 함께 냄비에 옮겨 담는다. 콩이 잠길 정도로 물을 더 부어 끓인다. 끓기 시작하면 뚜껑을 덮고 약한 불에서 콩이 익을 때까지 45~60분간 삶는다. 삶은 콩은 건져둔다.

2. 큰 냄비에 기름을 두르고 중간 불에서 달군다. 양파를 넣고 부드러워질 때까지 3~4분간 볶는다.

3. 생강, 고수잎, 고추, 후추를 넣고 2분간 볶는다.

4. 불을 줄이고 1작은술의 하리사페이스트, 토마토페이스트, 쥬키니호박을 넣어 섞는다. 계속 저어가며 3분간 끓인다.

5. 식초와 살구를 넣고 잘 젓는다. 토마토, 콩, 소금을 넣는다. 콩이 속까지 데워지도록 약한 불에서 5~10분간 끓인다. 산을 낮추고 입맛에 따리 히리사페이스트를 더 넣는다.

6. 치즈를 칠리에 넣어 섞는다. 쿠스쿠스, 밥 또는 또띠야를 곁들여 낸다.

> * 페코리노(pecorino) : 이탈리아에서 양 젖으로 만든 치즈를 부르는 말로, 숙성시키지 않은 리코타 치즈와 달리 숙성된 페코리노 로마노는 연한 노르스름한 색과 짠맛과 고소한 뒷맛을 가지고 있다. 쉽게 부서지고 열에 잘 녹는다.

속을 채운 할라피뇨 stuffed jalapeño chiles

할라피뇨를 구할 수 없으면 크고 통통한 풋고추를 이용한다. 속을 채운 고구마와 요거트소스가 매운맛을 달래준다.

4~6인분			1/2작은술	겨자씨	
30분	**속재료**		1/2작은술	큐민씨	
15~20분	1/4컵(60ml)	엑스트라버진 올리브오일	1/2작은술	페널씨	
	1개	중간 크기의 양파, 곱게 다진다.			
	1/4작은술	강황가루	**민트소스**		
	1/4작은술	큐민가루	3/4컵(200ml)	플레인요거트	
2	2개	큰 고구마, 삶아서 껍질을 벗겨 으깬다.	1/3컵(100g)	부드럽고 신선한 염소치즈	
			1쪽	마늘, 곱게 다진다.	
	1큰술	잘게 다진 고수잎	12장	민트잎, 곱게 다진다.	
		소금과 통후추 간 것	약간	소금	
	1~2작은술	신선한 레몬즙	1~2큰술	튀김 후 남은 기름	
	10개	큰 할라피뇨			
	3큰술	엑스트라버진 올리브오일			

1. 팬에 기름을 두르고 중간 불에서 달군다. 양파를 넣고 부드러워지도록 3~4분간 볶는다. 강황과 큐민을 넣고 섞어 향이 살아나도록 1분간 볶는다.

2. 볼에 옮겨 담고 고구마와 고수를 넣어 섞는다. 소금과 후추로 간하고 레몬즙을 넣어 섞는다.

3. 내열 용기에 할라피뇨를 넣고 끓는 소금물에 붓고 2분간 데친다. 키친타월로 물기를 닦는다.

4. 할라피뇨의 한쪽에 길게 칼집을 넣는다. 씨를 파내고 속을 비운다. 안쪽에 고구마로 만든 속재료를 채워 넣는다.

5. 큰 팬에 기름을 두르고 약불에서 달궈 겨자씨와 큐민씨를 넣는다. 겨자씨가 튀어오를 때까지 30초 정도 볶다가 페널씨를 넣는다.

6. 불을 약하게 줄이고 할라피뇨를 넣는다. 자주 뒤집어가며 모양이 흐트러지지 않도록 7~10분간 튀긴다. 튀긴 기름은 보관한다.

7. 작은 볼에 요거트와 치즈를 넣고 부드러워질 때까지 젓는다. 마늘, 민트, 소금을 섞는다. 튀긴 기름 남은 것을 넣고 젓는다.

8. 할라씨뇨는 소스를 곁들여 낸다.

후추를 듬뿍 넣은 감자튀김과 구아카몰레

peppery potato fritters with guacamole

이 감자튀김은 브런치나 점심 메뉴로 알맞다. 감자 대신 고구마를 이용해 만들어도 된다. 구아카몰레(gua-camole)는 아보카도에 소금을 넣고 간 것으로 토마토, 양파, 마늘, 라임즙 등을 섞어 넣기도 한다.

4인분		
25분		
60~80분		
2		

500g	감자	
4큰술(60g)	버터	
1개	양파, 곱게 다진다.	
1/4작은술	굵게 간 후추	
2큰술	식물성기름	
1개	빨간피망 구운 것, 정사각형으로 썬다.	
1개	작은 홍고추, 잘게 다진다.	
1작은술	큐민씨	
1쪽	마늘, 으깬다.	
3큰술	잘게 다진 고수잎	
2큰술	중력분	
1개	달걀, 살짝 풀어둔다.	
	소금과 통후추 간 것	

튀김용

1큰술	버터
1큰술	땅콩기름

구아카몰레

1큰술	아보카도, 껍질을 벗긴 뒤 다진다.
2개	라임, 즙을 짠다.
1큰술	아보카도오일
1개	홍고추, 씨를 빼고 곱게 다진다.
1큰술	잘게 다진 고수잎

1. 베이킹팬에 감자를 놓고 크기에 따라 속까지 익도록 40~60분간 굽는다. 약간 식혀둔다.

2. 감자를 굽는 동안 작은 팬에 버터 3큰술을 넣어 중간 불에 달군다. 양파를 넣고 노르스름하게 5분간 볶는다. 볼에 옮겨 담는다.

3. 감자가 아직 식기 전에 날카로운 칼로 껍질을 벗기거나 반으로 갈라 속을 파내 양파와 섞는다. 후추를 넣고 잘 으깨준다.

4. 양파를 볶은 팬에 기름과 남은 버터 1큰술을 넣고 피망, 고추, 큐민씨, 마늘, 고수를 향이 살아나도록 1분간 볶는다.

5. 감자와 양파 섞은 것에 넣어 혼합한다. 밀가루와 계란을 넣고 젓는다. 소금과 후추로 간하고 잘 섞는다. 밀가루를 묻힌 손으로 8개의 공모양이나 동글납작한 모양으로 빚는다.

6. 큰 팬에 버터와 기름을 두르고 중간 불에서 달군다. 기름이 지글거리기 시작하면 빚어놓은 감자를 넣는다. 한쪽 면이 노르스름하게 익도록 3~4분간 튀긴다. 뒤집어 반대쪽도 바삭하게 익도록 3~4분간 익힌다. 키친타월에 얹어 기름기를 뺀다.

7. 작은 볼에 아보카도와 라임즙을 넣고 으깬다. 고추와 고수잎을 넣고 섞어 소금과 후추로 간한다. 감자튀김은 구아카몰레를 곁들여 뜨거울 때 낸다.

민트와 완두콩 팔라펠 버거와 **칠리살사**

mint & pea falafel burgers with chile salsa

팔라펠(falafel)은 갈아놓은 병아리콩에 향신료를 넣고 빚어 튀긴 것으로 간식으로 이집트와 중동 지역에서 소스와 곁들여 먹거나 피타빵 속에 넣어 먹는다. 팔라펠을 골프공만 한 크기로 작게 만들면 튀기는 시간을 한 면당 2분씩으로 줄인다.

	살사			팔라펠	
4인분	2개	빨간양파, 껍질을 벗겨 곱게 다진다.		1½컵(185g)	냉동 완두콩
20분				3큰술	해바라기씨유
30분	2개	빨간피망, 씨를 제거한 후 곱게 다진다.		1개	작은 양파, 곱게 다진다.
10분	2개	작은 홍고추, 곱게 다진다.		4컵(800g)	병아리콩 통조림, 체에 밭쳐 물기를 뺀다.
	1개	플럼토마토*, 껍질을 벗기고 씨를 제거해 잘게 다진다.		2쪽	마늘, 으깬다.
2				1½작은술	큐민가루
	2큰술	곱게 다진 고수잎		1/2작은술	고수씨 가루
	1큰술	엑스트라버진 올리브오일		1개	긴 홍고추, 씨를 빼고 곱게 다진다.
	1개	라임, 껍질을 곱게 간다.			
	2개	라임, 즙을 짠다.		3큰술	곱게 다진 민트잎
	1/8작은술	소금		1¾컵(100g)	흰식빵가루
				1개	계란
					소금과 통후추 간 것
					햄버거빵이나 포카치아, 서빙용으로 준비한다.

1. 볼에 모든 재료를 넣고 섞는다. 필요할 때까지 차갑게 보관한다.

2. 완두콩은 끓는 물에 1분간 데쳐낸다. 물기를 빼고 푸드프로세서에 넣어 갈아준다.

3. 큰 팬에 기름 1큰술을 두르고 중간 불에서 달군다. 양파를 넣고 노르스름해지도록 4~5분간 볶는다. 볶은 양파는 푸드프로세서에 넣는다.

4. 남은 기름을 제외한 모든 재료를 푸드프로세서에 넣고 알갱이가 보일 정도로 다진다. 소금과 후추로 간한다.

5. 팔라펠을 물이나 기름 묻은 손으로 8등분해 동글 납작하게 빚는다. 랩을 씌워 30분 이상 차갑게 보관한다.

6. 팬에 남은 2큰술의 기름을 두른다. 중간 불에서 뒤집거나 움직이지 말고 한 면당 2분씩 지져낸다.

7. 햄버거빵이나 포카치아에 끼워 칠리살사와 함께 낸다.

> * 플럼토마토(plum tomato) : 길쭉한 원통형의 토마토로 다른 토마토에 비해 씨부분이 적고 과육의 비율이 높아 가공용으로 많이 이용된다.

핫 앤 스파이시 스파게티 hot & spicy spaghetti

이 음식은 빨리 쉽게 만들어 모두가 즐길 수 있는 요리다.

4~6인분	500g	스파게티
10분	1/2컵(125ml)+여분	엑스트라버진 올리브오일
10~12분	2개	홍고추, 얇게 썬다.
	4쪽	마늘, 저민다.
	1줌	곱게 다진 파슬리

1웅큼+여분	신선한 파마산치즈 간 것
	소금과 통후추 간 것
1개	레몬, 4등분한다.

1

1. 큰 솥에 소금물을 끓여 스파게티를 넣고 알덴테 상태가 되도록 10~12분간 삶는다.

2. 작은 팬에 기름을 두르고 약한 불에서 데운다. 고추와 마늘을 넣고 향이 우러나도록 약한 불에 둔다. 마늘의 색이 변하면 불을 끈다.

3. 삶아진 스파게티는 건져내고 물은 조금 남겨둔다. 면끼리 달라붙지 않게 올리브오일을 뿌린다.

4. 팬에 다시 불을 켜 마늘이 타지 않게 주의하며 기름을 1~2분간 달군다. 파슬리를 넣는다.

5. 달군 향신기름에 스파게티 면을 넣고 면 삶은 물을 몇 숟가락 넣는다. 파마산치즈를 뿌려 잘 뒤섞는다.

6. 5~6개의 그릇에 나누어 담고 레몬 조각으로 장식한다. 파마산치즈와 후춧가루를 더 뿌려 따뜻하게 낸다.

이 요리가 좋다면 다음의 요리도 추천!

칠리페스토를 넣은 링귀니

278

스파이시 채소와 렌틸 라자냐

282

칠리페스토를 넣은 링귀니 chile pesto with linguine

바질은 민트와 같은 과의 식물이다. 소화를 도와주고 약한 진정효과를 가지고 있다.
뿐만 아니라 두통을 치료하는 데도 사용된다.

4인분	500g	링귀니	1/3컵(50g)	파마산치즈 간 것
10분	2컵(100g)	바질잎	1/3컵(50g)	페코리노치즈 간 것
10~12분	4개	큰 홍고추, 씨를 빼고 굵게 다진다.	1/3컵(90ml)	엑스트라버진 올리브오일
	2쪽	마늘, 굵게 다진다.		
	1/2작은술	소금		
1	2/3컵(120g)	살짝 구운 잣		

1. 큰 솥에 소금물을 끓여 링귀니를 넣고 알덴테 상태가 되도록 10~12분간 삶는다.

2. 푸드프로세서에 바질, 고추, 마늘, 소금을 넣고 5초간 간다. 잣, 치즈, 올리브오일의 1/2 분량을 넣고 5초간 더 갈아준다. 옆면에 묻은 것을 긁어모으고 남은 올리브오일을 넣어 페이스트가 되도록 간다.

3. 건져낸 파스타에 페스토를 섞어 따뜻하게 낸다.

이 요리가 좋다면 다음의 요리도 추천!

핫 앤 스파이시 **스파게티**

276

스파이시 채소와 **렌틸 라자냐**

282

강황을 넣은 밥 turmeric rice

이 맛있는 밥은 만드는 데 오래 걸리지 않고 만드는 방법도 쉬워 점심 메뉴로 안성맞춤이다.
계절에 따라 구하기 쉬운 채소를 넣어 다양하게 변형 가능한 요리법이다.

⊙ 4인분	3큰술	땅콩기름	2컵(400g)	병아리콩 통조림, 체에 받쳐둔다.
⬤ 20분	1~2작은술	조프(20쪽) 또는	100g	깍지완두 또는 껍질콩,
⬤ 15~20분		하리사페이스트(30쪽)		손질해 2등분한다.
	1개	양파, 곱게 다진다.	1컵(100g)	브로콜리, 한입 크기로 자른다.
	1개	빨간피망, 씨를 빼고		소금과 통후추 간 것
		2cm 폭으로 썬다.	1/2컵(25g)	곱게 다진 고수잎
♈ 1	1개	긴 풋고추, 씨를 빼고	2~3큰술	신선한 레몬즙
		얇게 채썬다.		
	1쪽	마늘, 얇게 저민다.		
	1컵(200g)	롱 그레인 쌀(안남미)		
	3컵(750ml)	채소육수(96쪽)		
	2작은술	강황가루		

1. 큰 팬에 기름을 두르고 조프나 하리사페이스트를 넣고 섞는다. 중간 불에서 몇 초간 계속 저어가며 볶다가 양파를 넣는다. 부드러워지도록 3~4분간 볶는다.

2. 피망, 고추, 마늘을 넣고 2분간 볶는다.

3. 쌀을 넣고 겉에 기름이 묻어 윤기가 나도록 1분간 볶는다.

4. 육수를 붓고 강황을 넣어 젓는다. 끓기 시작하면 불을 줄여 8분간 약한 불에서 끓인다.

5. 병아리콩과 깍지완두를 넣고 섞는다. 수분이 모두 흡수되었으면 물을 조금 더 넣는다. 브로콜리를 제일 위에 얹는다. 팬에 뚜껑을 덮고 쌀과 채소가 익도록 약한 불에서 6~8분간 끓인다.

6. 소금과 후추로 간하고 그릇에 담아 고수잎과 레몬즙을 얹는다. 뜨거울 때 낸다.

이 요리가 좋다면 다음의 요리도 추천!

핫 앤 스파이시 **스파게티**

276

칠리페스토를 넣은 **링귀니**

278

속을 채운 **가지와 샤프란라이스**

286

스파이시 채소와 렌틸 라자냐

spicy vegetable & lentil lasagna

라자냐는 언제 만들어도 환영을 받는다. 라자냐 한 가지만으로도 든든한 한 끼 식사가 된다.

🍲 8인분		
🫕 30분		
⏱ 60~75분		

라자냐

3큰술	엑스트라버진 올리브오일
1개	큰 양파, 굵게 다진다.
2쪽	마늘, 곱게 다진다.
1개	큰 홍고추, 씨를 빼고 곱게 다진다.

🍴 3

2작은술	큐민가루
1작은술	고수씨 가루
1작은술	칠리파우더
1/2작은술	강황가루
2개	쥬키니호박
1개	당근, 강판에 굵게 간다.
150g	버섯, 얇게 저민다.
4컵(800g)	홀 토마토 통조림, 굵게 다진다.

1큰술	토마토페이스트(농축)
1작은술	설탕
2컵(400g)	갈색렌틸 통조림, 체에 밭친다.
	소금과 통후추 간 것
2통(250g)	건 라자냐 반죽

치즈소스

3큰술	버터
3큰술	중력분
2컵(500ml)	우유, 데운다.
2컵(250g)	굵게 간 체다치즈
	소금과 백후추 간 것

1. 오븐을 180도로 예열한다.

2. 큼지막하고 바닥이 두툼한 냄비에 기름을 두르고 중간 불에서 달군다. 양파와 마늘을 넣고 부드러워지도록 3~4분간 볶는다. 큐민, 고수, 칠리파우더를 넣고 향이 실아나도록 1분간 볶는다.

3. 쥬키니호박, 당근, 버섯, 토마토, 토마토페이스트, 설탕을 넣고 끓인다. 불을 줄이고 렌틸을 넣어 채소가 익고 소스가 걸쭉하게 될 때까지 15~20분간 약한 불에서 끓인다. 소금과 후추로 간한다.

4. 중간 크기의 냄비에 버터를 넣고 약한 불에서 녹인다. 밀가루를 넣고 1분 동안 계속 저어가며 화이트 루를 만든다. 우유를 부어가며 계속 저어 밀가루를 풀어준다. 소스가 끓어서 걸쭉해질 때까지 약한 불에서 계속 저어가며 5~10분간 끓인다. 불을 끄고 치즈의 반을 넣고 젓는다.

5. 끓는 소금물에 라자냐 반죽을 넣고 포장에 적힌 설명에 따라 삶아낸다.

6. 오븐에 넣을 수 있는 큼직한 그릇에 기름을 발라둔다.

7. 순비된 그릇 바닥에 소스의 1/4을 깐다. 라자냐 반죽을 넣고 소스를 올린다. 치즈소스를 위에 뿌린다. 다시 소스와 라자냐 반죽을 번갈아 쌓아준다. 맨 위에 남은 소스를 넣고 남은 치즈를 뿌린다.

8. 라자냐를 오븐에 넣어 파스타가 속까지 익고 치즈가 먹음직스런 갈색이 될 때까지 35~40분간 굽는다. 뜨겁게 낸다.

스파이시 가지와 구운 피망을 넣은 깔조네

calzone with spicy eggplant & roast bell pepper

칼조네는 시간이 있을 때 미리 만들어 두었다가 필요할 때 오븐에 넣어 구워내도록 한다.

4인분	1개	피자도우(48쪽)	1작은술	레드페퍼후레이크
30분			1작은술	훈제파프리카가루
90~120분	**속재료**		250g	구운 피망 병조림, 얇게 채썬다.
25~30분	3큰술+여유분	엑스트라버진 올리브오일	1컵(250ml)	파사타
	1개	중간 크기의 가지,		소금과 통후추 간 것
		2cm 크기의 주사위	250g	모짜렐라치즈, 굵게 간다.
2		모양으로 썬다.		
	1쪽	마늘, 곱게 다진다.		

1. 48쪽을 참고해 피자 반죽을 만든다. 2배로 반죽이 부풀어 오르도록 90~120분 동안 방치한다.

2. 중간 크기의 냄비에 기름을 두르고 중간 불에서 달군다. 가지, 마늘, 레드페퍼후레이크, 파프리카를 넣고 갈색이 나도록 5~7분간 볶는다. 피망과 토마토파사타를 넣고 5분간 약한 불에서 끓인다. 볼에 옮겨 담아 냉장고에 넣고 식힌다.

3. 피자 반죽을 꺼내 깨끗한 작업대에 놓고 손바닥으로 눌러 공기를 빼준다. 반죽을 4등분해서 기름을 바른 베이킹팬에 놓는다. 랩으로 덮어 따뜻한 곳에서 30분간 발효시킨다.

4. 오븐을 250도로 예열한다. 직경 25cm의 피자팬을 오븐에 넣어 뜨겁게 달군다. 팬에 기름을 발라둔다.

5. 밀가루를 뿌려둔 작업대에 반죽를 꺼내 피자팬에 맞춰 직경 25cm의 원으로 민다. 속재료의 1/4을 떠서 반죽의 반쪽에 놓는다. 반죽을 반으로 접어 속재료를 감싸고 테두리를 돌아가며 오므려준다. 겉에 올리브오일을 바른 뒤 오븐에 넣어 반죽이 바삭하고 갈색이 나도록 15분간 굽는다.

6. 남은 반죽도 같은 방법으로 빚어 구워낸다. 뜨거울 때 낸다.

속을 채운 가지와 샤프란라이스

stuffed eggplant with saffron rice

4인분	
15분	
30분	
40~50분	
1	

가지

4개	작은 가지
	소금
1/4컵(60ml)	엑스트라버진 올리브오일
2개	중간 크기의 양파, 작은 사각형 모양으로 썬다.
2쪽	마늘, 곱게 다진다.
2개	작은 홍고추, 씨를 빼고 곱게 다진다.
1작은술	강판에 곱게 간 생강
1/2작은술	검은 겨자씨
1작은술	큐민가루
1작은술	가람 마살라
8장	커리잎
3개	중간 크기의 토마토, 주사위모양으로 썬다.
3큰술	곱게 다진 고수잎

샤프란라이스

1 1/2컵(300g)	재스민 쌀
2컵(500ml)	물
1큰술	버터
약간	샤프란

1. 가지의 꼭지 쪽은 붙여두고 길게 4등분해 가른다. 안쪽에 소금을 뿌리고 아린 맛이 우러나도록 30분간 절인다. 남은 소금을 찬물에 씻어내고 키친타월로 물기를 닦아낸다.

2. 오븐을 200도로 예열한다.

3. 중간 크기의 팬에 기름을 두르고 중간 불에서 달군다. 양파, 마늘, 고추, 생강을 넣고 부드러워지도록 3~4분간 볶는다. 겨자씨, 큐민, 가람 마살라, 커리잎을 넣고 겨자씨가 튀어 오르고 향이 살아날 때까지 1~2분간 볶는다. 토마토를 넣어 잘 섞는다. 불을 끄고 고수잎을 넣어 섞는다.

4. 베이킹팬에 가지를 놓고 벌어진 틈을 속재료로 채운다. 여분의 속재료는 위에 뿌려준다. 오븐에 넣어 부드러워질 때까지 40~45분간 굽는다. 고르게 익도록 중간에 한번 뒤집어 준다.

5. 쌀은 흐르는 물에 깨끗이 씻는다. 중간 크기의 냄비에 쌀, 물, 버터, 샤프란을 넣고 끓인다. 끓기 시작하면 불을 줄이고 뚜껑을 덮어 물이 모두 흡수될 때까지 15분간 약한 불에서 끓인다. 불을 끄고 뚜껑을 덮은 채 5분간 뜸을 들인다.

6. 가지가 따뜻할 때 샤프란라이스를 곁들여 낸다

디저트와
음료

Desserts
& Drinks

따뜻한 생강차 hot ginger drink

생강은 약용 효과가 있는 요리 재료로 알려져 있다. 차멀미나 메스꺼움, 입덧, 관절염, 편두통, 감염증상을 치료하는 데 이용된다.

4인분	2컵(500ml)	물
10분	30g	생강, 껍질을 벗겨 얇게 저민다.
10분	1/2대	레몬그라스, 칼등으로 짓이긴다.
10분	1/2개	계피 껍질

2개	정향
1개	카다맘, 칼등으로 두드린다.
3큰술	설탕

1

1. 작은 냄비에 물, 생강, 레몬그라스, 계피, 정향을 넣고 중불에서 끓인다. 끓기 시작하면 불을 끄고 뚜껑을 덮어 10분간 우린다.

2. 설탕을 넣고 저은 뒤 중불에서 다시 끓인다. 불을 줄이고 가끔 저어가며 설탕이 녹을 때까지 2~3분간 약한 불에서 끓인다.

3. 고운 체에 걸러 내열 컵에 따라 따뜻할 때 낸다.

이 요리가 좋다면 다음의 요리도 추천!

마살라차이

296

스파이시 라씨 spicy lassi

라씨는 인도 북부와 파키스탄의 전통 요거트 음료이다. 오늘날에는 주로 달게 마시는데 향신료를 넣어
맛과 향을 돋우기도 한다.

🍽 4인분

🍲 10분

🌡 120분

🍴 1

3개	잘 익은 큼직한 망고, 껍질을 벗긴 후 씨를 빼고 다진다.	1큰술	꿀
1개	큰 홍고추, 씨를 빼고 다진다.	1개	라임, 껍질은 곱게 갈고 즙을 짠다.
1³/4컵(450g)	플레인요거트	1개	작은 홍고추, 씨를 빼고 얇게 채를 썰어 장식에 이용한다.
1컵(250ml)	버터밀크* 또는 우유		

1. 다진 망고와 큰 홍고추를 요거트, 버터밀크, 꿀, 라임즙, 라임 껍질 간 것과 함께 블렌더나 믹서에 넣고 곱게 간다.

2. 맛을 보고 꿀을 넣어 단맛의 정도를 알맞게 조절한다. 약 2시간 동안 냉장고에서 차게 식힌다.

3. 키가 높은 하이볼 글라스에 라씨를 담고 채썬 홍고추로 보기 좋게 장식한다. 이때 글라스를 미리 차게 식혀 두면 더욱 좋다.

---

* 버터밀크(buttermilk) : 우유로 버터를 만들고 남은 액체로 새콤한 맛이 난다. 요즘은 저지방 우유에 유사균을 넣어 만드는데 가루 형태로 구입해 녹여 사용하거나 우유에 식초를 약간 섞어 사용해도 된다.

이 요리가 좋다면 다음의 요리도 추천!

향신료를 뿌려 구운 **루바브와 바닐라크림**

300

카다맘향의 커피 cardamom spiced coffee

카다맘은 오래 전부터 중국에서 약으로 이용되어왔는데 요즘도 소화가 안 되거나 배에 가스가 찰 때 먹으면
도움이 되고 흥분제 효과도 있다고 알려져 있다. 상큼한 향이 독특하다.

4~6인분	1¹/₂컵(375ml)	물	3작은술 설탕
5분	2큰술	분쇄한 터키커피*	
2분	2개	카다맘 꼭지,	
5분		껍질을 벌려둔다.	

1

1. 작은 냄비에 물, 커피, 카다맘, 설탕을 넣고 중불에서 끓인다. 끓어오르면 불을 끄고 저어서 1분간 식힌다. 끓이고 저어 식히기를 2번 더 반복한다.

2. 커피를 4~6개의 유리잔에 나누어 담고 1분 정도 두어 가루가 바닥에 가라앉도록 한다. 식기 전에 낸다.

> * 터키커피(turkey coffee) : 곱게 간 커피에 설탕과 물을 넣고 끓여 먹는 터키식의 진한 커피

이 요리가 좋다면 다음의 요리도 추천!

마살라차이

296

마살라차이 masala chai

차이는 전 세계의 여러 나라에서 차를 뜻하는 말로 쓰인다. 우유에 향신료를 넣은 이 레시피는 인도에서 마시는 차이를 만드는 방법이다. 이 레시피 대로 향신료믹스를 만들면 24잔 분량을 얻을 수 있으니 밀폐용기에 넣어 냉장고에 보관해 두고 먹자.

2인분
10분
8분
5분

1

향신료믹스

1큰술	육두구가루
1큰술	후춧가루
1/2큰술	계피가루
1작은술	카다맘가루
1/2작은술	생강가루
1/4작은술	정향가루

차이

1컵(250ml)	물
1컵(250ml)	우유
2~3작은술	설탕
2큰술	홍차

1. 밀폐 가능한 용기에 육두구, 후추, 계피, 카다맘, 생강, 정향을 넣고 뚜껑을 덮어 고루 섞이게 흔들어준다.

2. 작은 냄비에 1작은술의 향신료믹스와 물을 넣고 중간 불에서 끓인다. 끓으면 불을 끄고 뚜껑을 덮어 5분간 우린다.

3. 우유와 설탕을 넣고 다시 끓인다. 끓기 시작하면 홍차잎을 넣고 불을 끈다. 뚜껑을 덮어 3분간 더 우린다.

4. 고운 체에 걸러 2개의 컵이나 유리잔에 담는다. 식기 전에 낸다.

이 요리가 좋다면 다음의 요리도 추천!

카다맘향의 **커피**

294

블러디메리 bloody mary

이 고전적인 칵테일은 1920년대 숙취해소용으로 만들어 졌다. 무알콜음료인 버진메리를 만들려면 보드카를 넣지 않으면 된다.

 1인분

5분

각얼음

45ml	보드카
1/2컵(125ml)	토마토주스
2작은술	신선한 레몬즙
3큰술	우스터소스
1방울	타바스코소스

1큰술	셀러리소금*
	신선한 후추 간 것
1대	셀러리, 장식용으로 준비한다.

1

1. 칵테일 쉐이커의 2/3를 얼음으로 채운다. 보드카, 토마토주스, 레몬즙, 우스터소스, 타바스코소스를 넣고 잘 섞는다.

2. 높이가 있는 하이볼 글래스의 절반을 얼음으로 채우고 체에 걸러 칵테일을 부어준다. 셀러리소금과 후추로 간을 한다. 셀러리 한 대를 꽂아 저어서 낸다.

---

* 셀러리소금(celery salt) : 셀러리 씨에 소금을 섞어 놓은 것으로 고기를 재울 때나 블러디메리를 만들 때 많이 이용한다.

이 요리가 좋다면 다음의 요리도 추천!

입안이 얼얼한 **가스파초**

80

향신료를 뿌려 구운 루바브와 바닐라크림

spiced baked rhubarb with vanilla cream

루바브(rhubarb)는 셀러리처럼 줄기가 굵은 채소로 붉은 색의 줄기 부분만 먹는다. 미국에서 잼이나 파이로 주로 만들어 먹는다. 딸기와 섞어 만들면 더 맛있다. 중동 요리에 사용되는 다카(dukkah)는 맛있는 견과류, 씨앗과 향신료를 섞어 놓은 것이다. 사용하고 남은 다카는 밀폐용기에 넣어 2주까지 보관할 수 있다.

4인분		
30분		
15분		
30~35분		
2		

루바브

1/4컵(50g)	설탕
1/4컵(60ml)	물
1개	계피 껍질, 부러뜨린다.
1조각	5cm가량의 생강, 껍질을 벗겨 얇게 저민다.
2개	팔각
4쪽	정향
3가닥	오렌지 껍질*
600g	루바브, 5cm 길이로 자른다.

스위트 다카

1/4컵(40g)	아몬드
1/4컵(40g)	헤이즐넛
3큰술	볶은 통깨
1작은술	고수씨
1/2작은술	호박파이스파이스 또는 올스파이스
1/4작은술	통후추
1/2큰술	꿀
2작은술	엑스트라버진 올리브오일

바닐라크림

3/4컵(180ml)	생크림
1큰술	슈가파우더
1/2개	바닐라빈, 껍질을 반 갈라 훑어낸 씨를 이용한다.

1. 오븐은 200도로 예열한다.

2. 작은 냄비에 물, 설탕, 계피, 생강, 팔각, 정향, 오렌지 껍질을 넣고 가끔 저어가며 설탕이 녹을 때까지 끓인다.

3. 베이킹팬에 루바브를 늘어놓고 시럽을 위에 뿌린다. 알루미늄호일로 덮어 오븐에서 10분간 굽는다. 호일을 벗기고 루바브가 부드럽지만 모양이 흐트러지지 않을 정도로 익도록 10~15분간 굽는다.

4. 베이킹팬에 유산지를 깐다. 작은 볼에 아몬드, 헤이즐넛, 통깨, 고수씨, 호박파이스파이스, 통후추를 넣는다. 꿀과 올리브오일을 뿌려 뒤섞는다.

5. 크림에 설탕을 넣고 휘핑기로 거품을 낸다. 바닐라씨를 넣고 다시 섞어서 냉장고에 보관한다.

6. 그릇에 따뜻한 루바브를 담아 바닐라크림을 얹고 다카를 뿌린다.

---

* 오렌지 껍질(orange peel) : 오렌지를 소금으로 문질러 깨끗이 씻고 오렌지색의 껍질만을 벗겨 채썰어 쓴다.

꿀을 넣은 요거트를 얹은 스파이스 과일콤포트

spiced fruit compote with honeyed yogurt

추운 겨울밤에 든든하고 건강에 좋은 디저트를 만들어 보자. 자두와 말린 무화과, 살구는 식이섬유가 풍부해
변비 예방에 좋고 열량도 충분히 들어 있다.

🍲 4~6인분	**콤포트**		1¹/₂컵(270g)	말린 무화과
🥗 15분	4컵(1L)	물	1컵(180g)	말린 살구
🌡 30분	1컵(200g)	설탕	1컵(180g)	씨를 뺀 푸룬
🍮 15분	1개	계피 껍질, 부러뜨린다.		
	3개	카다맘 꼬투리, 갈라둔다.	**꿀을 가미한 요거트**	
🍸 1	5개	통후추	1¹/₂컵(325g)	플레인요거트
	4쪽	정향	1¹/₂큰술(20ml)	꿀
	1개	팔각		
	2가닥	오렌지 껍질		

1. 큰 냄비에 물, 설탕, 계피, 카다맘, 후추, 정향, 팔각, 오렌지 껍질을 넣고 중간 불에서 가끔 저어가며 설탕이 녹을 때까지 끓인다.

2. 불을 약하게 줄이고 말린 무화과, 살구, 자두를 넣고 과일이 부드러워지고 시럽이 끈적하게 되도록 15분간 졸인다. 큰 그릇에 옮겨 30분간 식힌다. 뚜껑을 덮어 냉장고에 보관한다.

3. 작은 볼에 요거트와 꿀을 넣어 섞는다.

4. 콤포트를 5~6개의 디저트 그릇에 담고 꿀 넣은 요거트를 한 숟갈씩 얹는다.

이 요리가 좋다면 다음의 요리도 추천!

향신료를 뿌려 구운 **루바브와 바닐라크림**

300

스파이스를 넣은 **라이스푸딩**

304

칠리와 코코넛 옷을 입힌 **바나나튀김**

308

스파이스를 넣은 라이스푸딩 spiced rice pudding

이 레시피는 오랫동안 널리 사랑 받아온 라이스푸딩에 새로운 맛을 더한 것이다.

- 4~6인분
- 15분
- 40~45분

- 1

2큰술	버터	7컵(1.75L)	우유
2컵(400g)	이탈리안 아르보리오 쌀*	1½컵(300g)	설탕
1작은술	계피가루	1컵(250ml)	코코넛밀크
1작은술	카다맘가루		구운 아몬드, 장식용으로
1/2작은술	생강가루		준비한다.
1/4작은술	올스파이스가루 또는		
	호박파이스파이스		

1. 큰 냄비에 버터를 넣고 중불에 올려 녹인다. 쌀, 계피, 카다맘, 생강, 올스파이스를 넣고 저어가며 쌀에 골고루 가루가 묻도록 1분간 볶는다.

2. 우유와 설탕을 넣어 끓인다. 끓기 시작하면 불을 아주 약하게 줄이고 자주 저어주며 쌀이 익도록 35~40분간 끓인다.

3. 코코넛밀크를 넣고 저어 걸쭉하고 부드러운 상태가 될 때까지 3분간 약한 불에서 끓인다. 그릇에 담고 구운 아몬드를 뿌려 따뜻하게 낸다.

---

* 이탈리안 아르보리오 쌀(italian arborio rice) : 리조또를 만들 때 자주 이용하는 쌀로 우리 쌀보다 짧고 단단하다. 구하기 어려우면 그냥 멥쌀을 이용해도 된다.

이 요리가 좋다면 다음의 요리도 추천!

칠리와 코코넛 옷을 입힌 바나나튀김

308

향신료와 오렌지향을 넣어 찐 푸딩

312

스파이시 초콜릿 크렘 브륄레

spiced chocolate crème brûlée

크렘 브륄레는 구워낸 커스터드 푸딩 위에 설탕을 뿌리고 센 불로 위에서 설탕을 녹여 단단한 캐러멜색의 사탕으로 만들어 단단한 사탕을 깨고 먹는 부드러운 커스터드의 대비되는 맛을 즐길 수 있는 디저트이다. 크렘 브륄레 위의 설탕을 뜨거운 브로일러에 넣어 카라멜화할 때는 크림이 단단하게 익어 덩어리지지 않도록 얼음물을 넣은 팬에 담가 브로일러에 넣는다.

🍽 4인분	2컵(500ml)	묽은 생크림	4개	계란 노른자
🥘 30분	2개	말린 홍고추, 바스러뜨린다.	1/3컵(70g)+위에 뿌릴 여분	고운 설탕
🌡 2시간 15분	1작은술	호박파이스파이스 또는 올스파이스		
🔥 35~40분	1/2개	팔각		
🍴 2	150g	다크초콜릿, 굵게 다진다.		

1. 오븐을 130도로 예열한다.

2. 냄비에 생크림, 고추, 호박파이스파이스, 팔각을 넣고 중간 불에서 끓인다. 불을 끄고 초콜릿을 넣어 잘 섞는다. 향이 배도록 15분간 놓아둔다.

3. 중간 크기의 볼에 계란 노른자와 설탕을 넣고 색이 연해지고 걸쭉해지도록 휘젓는다. 녹여둔 초콜릿을 조금씩 부어가며 젓는다. 고운 체에 건더기를 걸러낸다. 6개의 3/4컵 래미킨(오븐에 넣을 수 있는 그릇)에 나누어 담는다.

4. 깊은 로스팅 팬에 깨끗한 행주를 깔고 래미킨을 넣는다. 끓는 물을 래미킨의 옆면이 반 정도 잠길 만큼 로스팅 팬에 부어준다.

5. 로스팅 팬을 오븐에 넣고 살짝 익을 때까지 25~30분간 굽는다. 오븐에서 꺼낸 크렘 브륄레는 넓은 접시에 올려 냉장고에 2시간 또는 필요할 때까지 넣어둔다.

6. 내기 전에 설탕을 크렘 브륄레 윗면에 얇게 한 겹으로 뿌려준다. 깨끗한 행주로 그릇 주위에 묻은 설탕을 닦는다. 토치 램프나 브로일러를 이용해 설탕을 녹여 캐러멜화한다. 준비되면 바로 낸다.

이 요리가 좋다면 다음의 요리도 추천!

스파이스를 넣은 라이스푸딩

304

츄로스와 입안이 얼얼한 초콜릿소스

310

칠리초콜릿브라우니

314

칠리와 코코넛 옷을 입힌 바나나튀김

chile & coconut crusted banana fritters

바나나튀김은 튀겨내자마자 바로 낸다.

🍲 6인분	1¹/₃컵(200g)	중력분
🟢 15분	1/3컵(40g)	갈아 말린 코코넛
🌡️ 60분	1¹/₂작은술	레드페퍼후레이크 또는
🍳 15~20분		말린고추 바스러뜨린 것
	1¹/₄컵(300ml)	따뜻한 물
🍴 2	1/2컵(125ml)	코코넛크림
	4컵(1L)	튀김용 식물성기름
	2개	왕란의 흰자

6개   작은 바나나, 껍질을 벗긴다.
서빙용 바닐라아이스크림
서빙용 꿀

1. 큰 볼에 밀가루, 코코넛, 레드페퍼후레이크를 넣고 섞는다. 물과 코코넛 크림을 조금씩 넣어가며 응어리가 생기지 않도록 주의하며 젓는다. 1시간 동안 놓아둔다.

2. 튀김용 팬에 기름을 붓고 중간 불에서 190도로 달군다. 튀김용 온도계가 없으면 빵조각을 기름에 넣어 온도를 확인한다. 빵이 들어가자마자 표면으로 떠오르며 노르스름하게 변하면 적당한 온도가 된 것이다.

3. 중간 크기의 볼에 계란 흰자를 넣고 휘핑기로 단단한 거품이 되도록 젓는다. 튀김옷 반죽에 흰자거품을 나누어 넣어가며 섞어 바로 사용한다.

4. 바나나를 튀김옷에 담가 한 번에 2개씩 튀긴다. 가끔 뒤집어가며 겉이 노르스름하게 익도록 3~4분간 튀긴다. 구멍 뚫린 국자로 건져내 키친타월에 얹어 기름을 뺀다.

5. 뜨거울 때 바닐라아이스크림과 함께 담아 꿀을 뿌려 낸다.

이 요리가 좋다면 다음의 요리도 추천!

스파이스를 뿌려 구운 **루바브와 바닐라크림**

300

츄로스와 입안이 얼얼한 **초콜릿소스**

310

츄로스와 입안이 얼얼한 초콜릿소스

churros with fiery chocolate sauce

초콜릿소스는 칠리를 넣지 않고 만들어도 여전히 맛있다. 다크초콜릿 대신 화이트초콜릿을 이용해 변화를 주어도 좋다.

	초콜릿소스		츄로스	
8인분	1컵(250ml)	우유	1컵(250ml)	물
30분	2개	말린고추 작은 것, 바스러뜨린다.	1/3컵(90g)	버터
20~25분	1/2작은술	계피가루	1컵(150g)	중력분
	1/4작은술	육두구가루	3개	왕란, 풀어둔다.
3	1/4작은술	칠리파우더	4컵(1L)	튀김용 식물성기름
	250g	진한 다크초콜릿, 굵게 다진다.	1/3컵(70g)	설탕
			1작은술	계피가루

1. 작은 냄비에 우유, 고추, 계피, 육두구, 칠리파우더를 넣고 중간 불에서 끓인다. 불을 끄고 초콜릿을 넣은 뒤 저어가며 녹인다. 고운 체에 걸러 건더기를 버리고 미지근하게 보관한다.

2. 작은 냄비에 물과 버터를 넣고 센 불에서 끓인다. 불을 줄이고 밀가루를 넣고 나무주걱으로 계속 저어가며 섞는다. 반죽이 냄비 바닥에서 쉽게 떨어질 때까지 3~4분간 약한 불에서 가열한다.

3. 반죽을 전동 반죽기에 넣고 섞는다. 계란을 조금씩 넣어가면서 반죽에 윤이 나고 짰을 때 모양이 유지될 정도로 단단해질 때까지 젓는다. 계란의 양은 다 필요하지 않을 수 있으므로 조절한다. 별모양 팁을 끼운 페스츄리백에 반죽을 옮겨 담는다.

4. 튀김용 팬에 기름을 붓고 중간 불에서 190도로 달군다. 튀김용 온도계가 없으면 빵조각을 기름에 넣어 온도를 확인한다. 빵이 들어가자마자 표면으로 떠오르며 노르스름하게 변하면 적당한 온도가 된 것이다.

5. 작은 볼에 설탕과 계피가루를 넣고 섞은 뒤 튀겨낸 츄로스에 묻히기 좋게 널찍한 접시에 펼쳐둔다.

6. 츄로스는 10cm 길이로 짜내 튀긴다. 여러 번에 나눠 넣고 반죽은 가끔 뒤집어가며 노르스름하게 익도록 3~4분 정도 튀겨준다. 구멍이 뚫린 국자로 꺼내 기름을 빼고 계피설탕에 넣어 고루 묻도록 섞는다.

7. 츄로스와 매운 초콜릿소스를 같이 낸다.

향신료와 오렌지향을 넣어 찐 푸딩

spiced orange steamed puddings

이 맛있는 미니 푸딩은 흔치 않은 음식이다. 오렌지 껍질 대신에 레몬이나 라임 껍질을 이용해 맛에 변화를 주어도 좋다.

4인분		
20분		
40분		

1/3컵(90g)	버터, 상온에 두어 부드럽게 한다.	1/2작은술	육두구가루
1/2컵(100g)	고운 설탕가루	1/4작은술	카다맘가루
2큰술	곱게 간 유기농 오렌지 껍질	1/4작은술	생강가루
2개	왕란, 살짝 풀어둔다.	2/3컵(60g)	피스타치오가루
1컵(150g)	중력분	1큰술	오렌지플라워워터*
1작은술	베이킹파우더	3/4컵(180ml)	크렘 프레시
1작은술	계피가루	4줄기	민트, 장식용
			슈가파우더, 장식용

2

1. 4개의 오븐에 넣을 수 있는 3/4컵(180ml) 래미킨의 안쪽에 버터를 발라둔다. 바닥에 유산지를 잘라서 깐다.

2. 중간 크기의 볼에 버터, 설탕, 오렌지 껍질을 넣고 휘핑기로 연한 색의 크림이 되도록 중간 정도의 속도로 젓는다. 계란을 하나씩 넣어가며 저어준다. 밀가루, 베이킹파우더, 계피, 육두구, 카다맘, 생강을 넣고 체로 쳐두었다가 넣고 섞는다. 휘핑 속도를 줄이고 피스타치오가루와 오렌지플라워워터를 넣어 섞는다.

3. 반죽을 래미킨에 떠 넣고 직경 30cm의 대나무찜기에 넣는다.

4. 찜기 받침에 물을 5cm 높이로 붓고 끓인다. 물이 끓으면 불을 약하게 줄이고 찜기를 올린 뒤 뚜껑을 덮는다. 이쑤시개로 찔러보아 묻어나오지 않을 때까지 40분간 찐다.

5. 푸딩 위에 크렘 프레시를 한 숟가락 얹고 민트로 장식한다. 슈가파우더를 뿌려 따뜻하게 낸다.

---

* 오렌지플라워워터(orange flower water) : 오렌지 꽃의 향을 추출한 것으로 중동이나 프랑스에서 디저트를 만드는 데 이용된다.

이 요리가 좋다면 다음의 요리도 추천!

칠리와 코코넛 옷을 입힌 바나나튀김

308

츄로스와 입안이 얼얼한 **초콜릿소스**

310

칠리초콜릿브라우니 chile chocolate brownies

저녁 파티의 대미를 따뜻하게 구워낸 브라우니로 멋지게 마무리해보자.

🍽 8인분	200g	다크초콜릿, 굵게 다진다.	1/2컵(75g)	중력분
🫕 20분	2개	작은 홍고추, 씨를 빼고 아주 잘게 다진다.	1/3컵(50g)	무가당 코코아가루
🌡 15분			1¹/₂작은술	베이킹파우더
🍩 30~40분	1¹/₂컵(300g)	눌러 담은 흑설탕	1작은술	계피가루
	1컵(250g)	무염버터, 상온에 두어 부드럽게 한다.	1/4작은술	소금
				서빙용 바닐라아이스크림
🍴 1	1작은술	바닐라에센스		
	3개 왕란+1개 왕란 노른자			

1. 23cm 정사각형의 케이크팬에 버터를 바르고 유산지를 깐다. 오븐은 180도로 예열한다.

2. 초스테인리스볼에 초콜릿와 고추를 넣고 약하게 끓는 물 위에 올려 중탕한다. 초콜릿이 녹아 부드러워질 때까지 저어가며 녹인다. 불을 끄고 약간 식힌다.

3. 중간 크기의 볼에 버터, 설탕, 바닐라를 넣고 전동 믹서를 이용해 중간 속도로 연한 색의 크림 상태가 되도록 저어준다. 계란과 노른자를 하나씩 넣어가며 잘 섞이도록 젓는다.

4. 믹서를 느린 속도로 저어가며 녹인 초콜릿을 부어준다. 밀가루, 코코아가루, 베이킹파우더, 계피, 소금을 혼합해 체에 쳐 두었다가 넣고 섞는다.

5. 준비해둔 팬에 반죽을 떠 넣고 반죽이 살짝 부풀어 오르고 이쑤시개로 찔러봐 부스러기가 약간 묻어나올 정도가 될 때까지 30~40분간 굽는다.

6. 15분간 식힌다. 적당한 크기로 잘라 접시에 담고 바닐라아이스크림을 한 숟가락 위에 얹어 낸다.

이 요리가 좋다면 다음의 요리도 추천!

스파이시 초콜릿 크렘 브륄레

306

츄로스와 입안이 얼얼한 초콜릿소스

310

색인